THÉORIE BIBLIQUE

DE LA

COSMOGONIE

ET DE LA

GÉOLOGIE.

AUTRES OUVRAGES DE L'AUTEUR.

PRÉCIS DE PHYSIOLOGIE CATHOLIQUE ET PHILOSOPHIQUE, suivi d'un GODE D'HYGIÈNE PHYSIQUE ET MORALE. Troisième édition, revue, corrigé et augmentée. Un fort vol. in-8°.
Chez Mme Ve Poussielgue-Rusand, rue Saint-Sulpice, 23, à Paris.

PENSÉES D'UN CROYANT CATHOLIQUE, ou Considérations philosophiques, morales et religieuses sur le matérialisme moderne et divers autres sujets, tels que l'âme des bêtes, la phrénologie, le suicide, le duel et le magnétisme animal. Troisième édition, notablement augmentée. Un fort vol. in-8°.
Chez Mme Ve Poussielgue-Rusand, rue Saint-Sulpice, 23, à Paris.

ESSAI PHILOSOPHIQUE sur l'influence comparative du régime végétal et du régime animal, sur le physique et sur le moral de l'homme; ou aperçu général sur l'influence que le régime alimentaire peut exercer sur la civilisation, les mœurs, l'éducation, la politique, la guerre, chez les différents peuples du globe. Un vol. in-8°.
Chez Mme Ve Poussielgue-Rusand, rue Saint-Sulpice, 23, à Paris.

LE PRÊTRE ET LE MÉDECIN DEVANT LA SOCIÉTÉ. Un fort vol. in-8°.
Chez Mme Ve Poussielgue-Rusand, rue Saint-Sulpice, 23, à Paris.

DU SUICIDE ET DU DUEL considérés aux points de vue philosophique, religieux, moral et social. Un vol. in-8°.
Chez Mme Ve Poussielgue-Rusand, rue Saint-Sulpice, 23, à Paris.

LE SALUT DE LA FRANCE. Brochure in-8°.
Chez Mme Ve Poussielgue-Rusand, rue Saint-Sulpice, 23, à Paris.

ÉTUDE DE LA MORT, ou Initiation du prêtre à la connaissance pratique des maladies graves et mortelles; et de tout ce qui, sous ce rapport, peut se rattacher à l'exercice du saint ministère. Ouvrage spécialement destiné aux ecclésiastiques qui ont charge d'âmes. Un fort vol. in-8°.
Chez Mme Ve Poussielgue-Rusand, rue Saint-Sulpice, 23, à Paris.

ESSAI SUR LA THÉOLOGIE MORALE, considérée dans ses rapports avec la physiologie et la médecine. Ouvrage spécialement destiné au clergé. Quatrième édition, revue, corrigée et notablement augmentée. Un fort volume in-8°.
Chez Mme Ve Poussielgue-Rusand, rue Saint-Sulpice, 23, à Paris.

MŒCHIALOGIE, ou Traité des péchés contre les sixième et neuvième commandements du Décalogue, et de toutes les questions matrimoniales qui s'y rattachent directement et indirectement; suivi d'un Abrégé pratique d'Embryologie sacrée. Ouvrage mis à la hauteur des sciences physiologiques, naturelles, médicales et de la législation moderne. Ce livre est exclusivement destiné au clergé. Un fort vol in-8°, 2e édition, revue, corrigée et considérablement augmentée.
Chez Mme Ve Poussielgue-Rusand, rue Saint-Sulpice, 23, à Paris.

EXAMEN de la question de l'Opération césarienne posthume, ou du Baptême des enfants, dont les mères meurent avant la parturition. Cette question est examinée aux points de vue légal, médical, théologique, moral et social. Opuscule in-8° destiné aux prêtres et aux médecins.
Chez Mme Ve Poussielgue-Rusand, rue Saint-Sulpice, 23, à Paris.

THÉRAPEUTIQUE APPLIQUÉE, ou Traitements spéciaux de la plupart des maladies chroniques. Quatrième édition, revue, corrigée et notablement augmentée. Un vol. in-8°.
Chez Mme Ve Poussielgue-Rusand, rue Saint-Sulpice, 23, à Paris.
Et chez Baillière, rue Hautefeuille, 19, à Paris.

ESSAI analytique et synthétique sur la Doctrine des Éléments morbides considérés dans leur application thérapeutique. Un fort vol. in-8°.
Chez Baillière, rue Hautefeuille, 19, à Paris.

DES VERTUS THÉRAPEUTIQUES DE LA BELLADONE. Un vol. in-8°. Ouvrage couronné en Belgique (Médaille d'or). Chez Ballière, rue Hautefeuille, 19, à Paris.

COLONIE AGRICOLE MONASTIQUE pour les jeunes détenus. — AGRICULTURE MONASTIQUE. Br. in-8°. Chez Me Ve Poussielgue, r. S.-Sulp. 23, à Paris.

C.

THÉORIE BIBLIQUE

DE LA COSMOGONIE

ET DE LA GÉOLOGIE;

DOCTRINE NOUVELLE, FONDÉE SUR UN PRINCIPE UNIQUE
ET UNIVERSEL PUISÉ DANS LA BIBLE.

OUVRAGE SPÉCIALEMENT DESTINÉ AU CLERGÉ ET AUX SÉMINAIRES.

PAR LE R. P. DEBREYNE.

NOUVELLE ÉDITION, REVUE, CORRIGÉE ET AUGMENTÉE.

Lex lux.   (Prov. VI — 23.)

PARIS,

1856.

INTRODUCTION.

Il est un fait notoire : c'est qu'en général les sciences humaines tendent chaque jour de plus en plus à s'écarter du principe de l'unité et à se dévier de la ligne Biblique et Catholique, qui cependant doivent

.en être constamment la source pure et l'éternel principe. Les matérialistes et les rationalistes, armés de sophismes et d'orgueil, voulant bannir Dieu de la science, se sont dit dans leur délire impie : « Nous célébrerons, nous exalterons la magnificence de notre parole ; les sciences et les vérités couleront de nos lèvres et de nos plumes comme de leur source et de leur principe ; qui sera notre maître ? » *Linguam nostram magnificabimus, labia nostra à nobis sunt ; quis noster dominus est ?* (Ps. XI)

C'est donc aux catholiques qu'il incombe de réviser les sciences humaines et d'en remanier l'ensemble ; c'est surtout au clergé qu'il appartient de ressaisir d'une main ferme le sceptre glorieux de la science, afin qu'il puisse régner sur les esprits par l'ascendant supérieur des lumières. Aujourd'hui, comme jadis, il doit être la lumière du monde, *lux mundi* ; et alors sa puissance sur les âmes sera grande, sera immense. Les intelligences ne résistent pas ordinairement à l'empire de la science et de la charité. De plus, l'éclat du savoir, dans notre siècle positif et scrutateur, doit venir en aide au prêtre, pour contribuer à le maintenir dans le degré de considération et d'influence sociales nécessaires à l'exercice de son saint ministère.

Croyez-vous que si les ecclésiastiques possédaient, comme autrefois, le trésor de la plupart des sciences humaines, on leur refusât le respect et la considération qui leur sont dus ? On n'en aurait pas la pensée parce qu'on n'en aurait pas le pouvoir. Ainsi donc, le prêtre doit redevenir le ministre de la science et du vrai progrès. Telle est la nécessité du siècle. Nous verrons ailleurs que l'arme puissante de la science n'est pas moins nécessaire pour la défense de la révélation, c'est-à-dire de la foi et de la religion catholiques. Cela dit, venons à l'objet spécial de ce livre.

Nous n'avons jamais pris fort au sérieux les débats cosmogoniques et géologiques, tant qu'il ne s'est agi que d'opinions humaines, parce que nous ne savons que trop que tout ce qui vient de l'homme seul n'a ni force, ni consistance, ni durée. Semblables aux flots de l'océan qui s'élèvent jusqu'aux nues pour venir se briser contre le roc immobile du rivage, les systèmes élevés à grands frais contre le récit biblique, viendront tous, comme une vapeur du matin, s'évanouir en face du phare resplendissant de la révélation. Telle est la destinée inévitable de toutes les conceptions des savants qui veulent se passer de la science de Dieu.

Certains érudits ont voulu fixer les rapports d'orthodoxie de la science avec la Bible ; mais, au lieu d'adapter la science à la révélation, ils ont prétendu subordonner la révélation à la science. Vain labeur ! stérile occupation ! Leurs pensées d'orgueil se sont évanouies comme une ombre : *Evanuerunt in cogitationibus suis.* (Rom. 1. — 21.)

C'est donc la science biblique qu'il faut prendre pour point de départ ; c'est sur le récit mosaïque qu'il faut désormais mesurer les sciences cosmogoniques et géologiques. Disons-le hautement : l'amour-propre des auteurs y est interressé ; l'expérience le prouve tous les jours. Tôt ou tard, les systèmes sont soumis au *criterium* de la Bible, terrible creuset où les opinions humaines s'épurent ; vérité éclatante devant laquelle se fondent et coulent, comme la cire devant le feu, toutes les hypothèses qui ne peuvent pas ne soutenir la vive et accablante lumière.

Nous savons que Dieu a fait toutes choses en leur temps, et qu'il les a faites toutes parfaitement bonnes ; après quoi, il a tout livré à la discussion de l'esprit humain. Nous n'ignorons pas non plus qu'il semblé en avoir agi ainsi, précisément pour que l'homme ne trouvât pas le secret du créateur : « *Cuncta fecit bona in tempore suo, et mundum tradidit disputationi eorum, ut non inveniat homo opus quod operatus est Deus ab initio usque ad finem* ». (Eccle. III-11.) Mais nous savons aussi que l'homme qui sait mettre un frein à de stériles raisonnements, et qui avoue humblement son absolue dépendance de Dieu, nous savons que celui-là peut découvrir, dans la science révélée, ce que n'y trouveront jamais des érudits incrédules qui s'enfoncent dans les ténèbres de l'antiquité profane pour y chercher des arguments ou plutôt de misérables sophismes contre l'histoire biblique, et qui adopteraient volontiers toutes les absurdes rêveries des temps fabuleux, pourvu qu'on les dispensât de croire à nos livres saints. Tant est vrai cet adage sacré :

Aquæ furtivæ dulciores sunt. (Prov. IX.
— 17.)

La science humaine sans Dieu n'ira jamais loin ;
nous l'avons déjà dit ailleurs. Bien que d'orgueil-
leux philosophes aient voulu exclure Dieu de la science
et de leurs livres, le Seigneur n'en demeure pas moins
toujours le Dieu des sciences. _Deus scientiarum
Dominus est_ (1. Reg II. 3) ; et au besoin il saura
bien forcer les savants superbes à s'en souvenir.

C'est donc le récit mosaïque qui doit être notre
règle et notre boussole. Oui, Moïse doit être notre
pilote à tous, sous peine de faire un funeste et
inévitable nauffrage. Quelques savants laïques, il faut
l'avouer et le louer, ont rendu un solennel hommage
au livre de la Genèse. Un célèbre physicien de nos
jours, M. Ampère a dit : « L'ordre d'apparition des
êtres organisés est précisément l'ordre de l'œuvre des
six jours, tel que nous le donne la Genèse. Ou Moïse
avait dans la science une instruction aussi profonde
que celle de notre siècle, ou il était inspiré. »

Le savant Linnée avait également affirmé que Moïse n'a pu écrire que sous l'inspiration de l'auteur de la nature et de la science : *Neutiquam suo ingenio, sed altiori ductu.* (Curios. nat.)

« La description de Moïse est une narration exacte et philosophique de la création de l'univers entier et de l'origine de toutes choses. » (Buffon. *Théorie de la terre.*)

Le premier de nos livres sacrés (La Genèse), dit Deluc, renferme la véritable histoire du monde.

« Moïse nous a laissé une cosmogonie dont l'exactitude se vérifie chaque jour d'une manière admirable. Les observations géologiques récentes s'accordent parfaitement avec la Genèse, sur l'ordre dans lequel ont été successivement créés tous les êtres organisés. » (Cuvier.)

« Nous ne pouvons trop remarquer cet ordre admirable parfaitement d'accord avec les plus saines notions qui forment la base de la géologie positive. Quel hommage ne devons-nous pas rendre à l'historien inspiré ! » (Demarson.)

« Aucun monument, soit historique, soit astronomique, n'a pu prouver que les livres de Moïse fussent faux ; mais, au contraire, ils sont d'accord de la manière la plus remarquable avec les résultats obtenus par les plus savants philologues et les plus profonds géomètres. » (Balbi.)

« S'il est aujourd'hui une vérité généralement sentie, c'est que le progrès des connaissances positives a tout-à-fait éloigné de nous cet esprit prétendu philosophique dont on fait encore, en certains lieux, tant d'état. Quel est maintenant le géologue qui ne sourirait de pitié aux argumentations de Voltaire contre la Genèse ? Voit-on, de nos jours, paraître une seule dissertation composée dans cet esprit par un écrivain jouissant du moindre crédit parmi les savants ? » (de Férussac.)

« Concordance extraordinaire qui ne peut être

l'effet du hasard, et qui, en nous conduisant à admettre des faits que les livres saints ont voulu nous cacher, nous entraîne aussi à reconnaître, dans les détails qu'ils nous ont laissés, une profondeur de connaissances qui contraste d'une manière frappante avec l'ignorance du temps où ils ont été écrits. » (Beudant.)

« Cultivez avec ardeur les sciences abstraites et les sciences naturelles ; décomposez la matière ; dévoilez à nos regards surpris les merveilles de la nature ; explorez, s'il se peut, toutes les parties de cet univers ; fouillez ensuite les annales des nations, les histoires des anciens peuples ; consultez sur toute la surface du globe les vieux monuments des siècles passés : loin d'être alarmé de ces recherches, je les encouragerai de mes efforts et de mes vœux. Je ne craindrai pas que la vérité se trouve en contradiction avec elle-même, ni que les faits, les documents par vous récueillis, puissent jamais n'être pas d'accord avec nos livres sacrés. » (Cauchy.)

« Puisqu'un livre (La Genèse), écrit à une époque où les sciences naturelles étaient si peu éclairées, renferme cependant, en quelques lignes, e sommaire des conséquences les plus remarquables, auxquelles il ne pouvait être possible d'arriver qu'après les éminents progrès amenés, dans la science par le 18ᵉ et le 19ᵉ siècle ; puisque ses conclusions se trouvent en rapport avec des faits qui n'étaient ni connus ni même soupçonnés à cette époque, qui ne l'avaient jamais été jusqu'à nos jours, et que les philosophes de tous les temps ont toujours considérés contradictoirement et sous des points de vue toujours erronés ; puisque, enfin, ce livre, si supérieur à son siècle sous le rapport de la science, lui est également supérieur sous le rapport de la morale et de la philosophie naturelle, on est obligé d'admettre qu'il y a dans ce livre quelque chose de supérieur à l'homme, quelque chose qu'il ne voit pas, qu'il ne conçoit pas, mais qui le presse irrésistiblement. » (Nérée Boubée.)

« Nous dirons, dit M. Godefroy, que Moïse écrivait sous la dictée du Dieu des sciences. Et, en admirant, ajoute-t-il, que Moïse dans son récit ait osé placer la lumière avant le soleil, reconnaissons avec un apologiste moderne (Frayssinous) que la vérité seule a pu l'engager à écrire une chose qui, pour être réelle, n'en était pas moins bizarre et moins choquante en apparence. » *(Cosmogonie de la révélation.)*

« Si l'on considère, dit M. Marcel de Serres, que la géologie n'existait pas à l'époque où a été écrit le récit de la création, et que les connaissances astronomiques étaient pour lors peu avancées, on est porté à conclure que Moïse n'a pu deviner si juste que par suite d'une révélation.... Les nouvelles découvertes des sciences physiques, loin d'être en opposition avec ce livre admirable, sont venues en quelque sorte en démontrer l'exactitude. D'après elles, la Genèse est beaucoup plus d'accord avec les faits les plus récemment observés, que les systèmes enfantés par les plus beaux génies des temps modernes pour expliquer la formation de la terre et de l'univers. » *(Cosmogonie de Moïse comparée aux faits géologiques,* t. I, p. 222.)

Voilà le langage solennel de quelques savants laïques qui rendent hommage au caractère sacré du physicien le plus ancien et le plus véridique qui soit au monde. Et s'ils n'ont pas toujours été assez heureux, pour s'élever à la majestueuse hauteur de Moïse, du moins ont-ils fait preuve de bonne volonté. Nous aurons occasion de signaler leurs principales erreurs dues, en général, à l'imperfection des sciences modernes. Nous verons aussi dans le cours de ce travail que la narration de Moïse non-seulement n'est contredite par aucun fait rigoureusement démontré, soit de l'histoire naturelle, soit de la cosmogonie, ou de la géologie, mais qu'il n'est aucun fait scientifique qui ne trouve son explication naturelle et vraie dans la doctrine qui découle du grand principe biblique dont nous dirons un mot tout-à-l'heure.

C'est donc, nous le répétons, à la révélation qu'il faut revenir. C'est la religion, c'est la foi qui inspire les grandes pensées du génie ; c'est la religion qui dirige l'essor qu'elle donne à l'esprit, et qui en raffermit la marche chancelante ; c'est la religion enfin qui, avec la lumière de Dieu, a créé les sciences humaines avec toutes leurs académies. Et quand des savants rationalistes viendront, dans leur orgueil dédaigneux, à méconnaître cette puissance créatrice, Dieu leur ôtera leurs lumières, confondra leur sagesse et les abandonnera à leur propre esprit. *Auferetur ab impiis lux.* (Job—XXXVIII-15.) *Sapientia eorum devorata est.* (Ps. 106.) Dieu, dit Bossuet, connaît la sagesse humaine, toujours courte par quelque endroit : il l'éclaire, il étend ses vues, et puis il l'abandonne à ses ignorances ; il la précipite, il l'aveugle, il la confond par elle-même ; elle s'enveloppe, elle s'embarrasse dans ses propres subtilités, et ses précautions lui sont un piége...

Appuyé sur la Bible, nous allons essayer de dire quelle a été l'origine du monde et quelle loi le régit. Nous discuterons la valeur des principaux systèmes cosmogoniques et géologiques émis jusqu'à ce jour, et nous mettrons dans cet examen critique toute l'impartialité qu'on est en droit d'attendre de nous. Nous n'avons aucun intérêt humain ni personnel à préconiser tel système ou à blâmer tel autre. Absolument indépendant, nous ne pouvons avoir d'autre but que de répandre de nouvelles lumières sur les plus hautes et les plus

**

difficiles questions dont s'occupe le siècle en ce moment. Ces grandes questions, qui se rattachent à toutes les sciences, demanderaint des volumes pour être étudiées à fond. Tel n'est pas notre dessein. Nous désirons plutôt indiquer la voie à des hommes plus habiles que nous, afin qu'ils puissent ramener les sciences à Dieu ; sans quoi vous les verrez tôt ou tard périr sous des monceaux de faits qui les embarrassent et les étouffent.

A cet effet, il est nécessaire de recourir au principe de l'unité et d'y renfermer la science tout entière, comme le grand Képler l'avait si bien compris. « Puisque Dieu, disait-il, est une intelligence unique, le caractère des lois qu'il a données au monde doit être l'unité et l'universalité. » C'est ce que nous essaierons de démontrer, à l'aide du grand principe d'unité que nous avons puisé dans la Bible, et qui est pour nous la loi suprême de toute la création. Or, ce principe unique et universel, c'est la lumière, ou plutôt la lumière-force ou la force luminique, dont l'effet est la lumière sensible ou phénoménale. Voilà l'explication de notre épigraphe : *Lex lux,* la lumière est la loi.

C'est là toute la pensée de nôtre travail biblique sur la cosmogonie et la géologie.

L'organisation du chaos ne date que du moment de la production de la lumière phénoménale ou sensible, qui est l'effet de la puissance luminique ou de la lumière-force, c'est-à-dire de l'action incessante de la parole de Dieu sur la matière *actuelle*, action esentiellement spontanée, forte et lumineuse, dans l'univers-copie, comme dans l'univers-typique. C'est à la force luminique, une, indivisible et immatérielle, la loi suprême de l'univers, que la matière chaotique doit la vie minérale, comme tous les êtres vivants la vie organique.

L'astronomie, la physique, la chimie, la cosmogonie, la géologie et les autres sciences physiques et naturelles, ne nous semblent pas pouvoir trouver ailleurs, c'est-à-dire en dehors du principe de l'unité, leur entier et parfait développement. « La suprême intelligence, dit M. Godefroy, a dû faire sortir et dépendre le mécanisme entier de la nature d'une seule et même cause. Dieu est un, sa volonté est une, le principe de ses opérations doit être unique, et la Sagesse éternelle n'a pu mettre en œuvre qu'un seul et unique ressort pour animer la machine immense du monde, parce que l'unité est la plus grande de toutes les perfections. » (*La cosmogonie de la révélation*, 2ᵉ édit.)

On vient de voir que nous soulevons les plus grandes et les plus difficiles questions : ce sont des abîmes qu'à peine nous ferons remarquer, parce que nous ne voulons qu'exciter l'attention des ecclésiastiques, afin de les initier peu à peu aux principes de la science théologique de la nature et de l'univers.

Toutes les sciences humaines ont besoin d'être revisées et remaniées, et surtout d'être animées par l'élément religieux, par cet esprit vivifiant, sans lequel toutes les conceptions des hommes même les plus éminents demeureront éternellement stériles. Les sciences se corrompent, dit Bacon, sans l'aromate précieux de la religion. Elles attendent l'homme qui, par la puissance de son génie et l'autorité de son nom, puisse imposer au monde des idées plus hautes, plus bibliques, une science, en un mot, chrétienne et théologique. Et, si cet homme est catholique, s'il est ami de Dieu, il sera la synthèse de son sciècle.

La science ne peut se passer du grand principe de l'unité. Nous le prouvons par les besoins et les aveux de l'astronomie, par les besoins et les aveux de la physique, par l'impossibilité d'expliquer les phénomènes du monde matériel par la multiplicité des agents de la science, comme le magnétisme, l'électricité, le calorique, la lumière, etc... ; nous le prouvons enfin par l'identité de tous ces fluides impondérables qui tous, se résolvent dans l'unité du principe biblique, c'est-à-dire de la force luminique.

Dans l'état actuel des sciences physiques et naturelles et dans la disposition générale des esprits, en France, aucun ecclésiastique ne peut désormais demeurer complètement étranger au mouvement scientifique du siècle, et surtout aux principes généraux de la cosmogonie et de la géologie bibliques. Car, de toutes les sciences physiques et naturelles, la cosmogonie et la géologie sont aujourd'hui celles que le rationalisme s'efforce le plus d'opposer aux dogmes de la révélation. C'est donc un devoir pour tout prêtre de s'armer des principes de ces sciences ramenées à l'horthodoxie mosaïque et catholique, afin de défendre la foi et la religion contre les attaques d'une science incrédule et impie.

Les partisans du vrai et du seul progrès possible, c'es-à-dire les savants catholiques ont fait assez, ont fait trop de concessions aux doctrines hétérodoxes et à la foule immense des demi-savants. Il est nécessaire, il importe infiniment d'opposer la digue inexpugnable de la science catholique au torrent du rationalisme ; tout homme qui le peut et qui ne le fait pas, forfait a son devoir. Nous le voyons tous, nous le touchons au doigt ; toutes les concessions faites jusqu'à ce jour, pour le bien de la paix, qu'ont-elles produit ? *Expectavimus pacem, et non est bonum ; et tempus curationis, et ecce turbatio.* (Jerem. XIV-19).

Notre but principal est donc d'offrir aux catholiques et particulièrement au clergé, une doctrine ou du moins des principes sur la cosmogonie et la géologie fondés sur l'Écriture-Sainte, de les prémunir par là contre les erreurs de l'impiété savante, et d'opposer la science biblique, c'est-à-dire la science religieuse et catholique à l'enseignement officiel et plus ou moins rationaliste de l'Université et du collège de France. Voilà, ce nous semble, un moyen comme un autre de servir, selon nos faibles moyens, la cause de la révélation, et de la cosmogonie biblique, c'est-à-dire la cause de la vérité.

Nous avons ajouté à la fin, une assez longue note où se trouvera exposée la loi anatomico-physiologique qui donne la raison d'être de la prodigieuse longévité des patriarches antédiluviens.

Errata : Effacez les mots *principes géologiques* du bas de la page 204.

THÉORIE BIBLIQUE

DE LA COSMOGONIE

ET DE LA GÉOLOGIE.

CHAPITRE PREMIER.

FORCE LUMINIQUE. — SA NÉCESSITÉ SCIENTIFIQUE.

Pour l'intelligence parfaite de la doctrine biblique, nous allons présenter quelques considérations de physique générale, qui prouveront invinciblement l'existence et la nécessité scientifique de l'agent unique et universel de l'univers, c'est-à-dire de la force luminique ou de la lumière-force, dans laquelle se résolvent et à laquelle sont subordonnés tous les fluides impondérables de la science.

§ I.

La physique moderne reconnaît cinq agents principaux : 1°. l'attraction universelle qui comprend la pesanteur, l'attraction planétaire et l'attraction moléculaire ; 2°. le calorique ; 3°. la lumière ; 4°. l'électricité ; 5°. le magnétisme. Mais ces agents sont-ils irréductibles, ou bien ne sont-ils que des manifestations ou des manières d'être très-diverses d'une cause unique, fondamentale, source et principe de tous les phénomènes physique ? Essayons de résoudre cette grande question.

Les corps ne sont pas formés d'une matière continue, mais d'un assemblage de petites parties de matière, séparées les unes des autres par des intervalles vides. Ces particules matérielles s'appellent *atomes*, et les intervalles qui les séparent ont reçu le nom de *pores*. Pour que ces atomes restent unis entre eux de manière à former un corps, il faut une cause ou une force qui tende à les rapprocher. On nomme cette force *attraction moléculaire* ou *cohésion*. Lorsqu'elle s'exerce entre des molécules hétérogènes, on l'appelle *affinité*. Si cette attraction agissait seule, elle finirait par rapprocher les molécules jusqu'au contact parfait, et alors les corps ne seraient plus compressibles. De là résulte la nécessité d'une cause nouvelle, opposée à la première et tendant à repousser les atomes. Et comme on a remarqué qu'un corps augmente de volume quand on le chauffe, et diminue quand on le refroidit, on en a conclu que cette force répulsive n'est autre chose que la chaleur elle-même ou le calorique.

Mais la Cohésion et le Calorique constituent-ils réellement deux forces à part ? Ne peut-on point expliquer cette attraction et cette répulsion des molécules, par un agent unique dont les actions adverses se communiquent aux atomes lesquels, devenant alors positifs ou négatifs, à la manière des deux fluides électriques, se fuient ou s'attirent par leurs pôles propres, suivant qu'ils doivent entrer dans telle et telle combinaison ? Ce qui prouve, sous certains rapports, que les choses se passent ainsi, c'est qu'un corps réduit en poudre, ne peut reprendre son état solide sans qu'on le fasse fondre ou dissoudre ; car dans ces deux derniers états, ses molécules, plus libres et plus divisées, peuvent se diriger et prendre la position convenable pour s'attirer et se porter les unes vers les autres. Mais quel est cet agent unique et universel dont nous venons de signaler l'existence ?

Les physiciens de nos jours l'appellent éther, et ils prétendent que chaque molécule constitutive d'un corps est séparée des autres par une atmosphère de ce fluide éthéré. Mais comment cet éther qui, par sa nature et d'après la définition qu'on lui donne, est une substance complètement inerte, peut-il lutter contre une force, comme la cohésion, et contrebalancer son action puissante ? La physique ne le dit pas. C'est là, en effet, une anomalie aussi étrange qu'inexplicable. Mais qu'on fasse intervenir la loi admirable de la doctrine biblique, et toutes les lacunes et les difficultés de la science disparaissent ; et au lieu de cette multiplicité d'agents qui gênent et embarrassent la marche de l'esprit humain, brillera, dans toute sa splendeur, ce principe unique, universel et vivifiant que nous avons appelé *force luminique*.

Si l'on nous demande ce que nous entendons par force luminique, nous répondrons que nous entendons l'action incessante de la parole de Dieu sur la matière *actuelle*. Par là nous n'excluons pas, comme l'ont prétendu quelque savants, l'existence de certains fluides dits impondérables, à l'aide desquels les physiciens expliquent une foule de phénomènes ; mais nous ôtons à ces fluides la vie, ou la force vive et agissante dont on les avait doués en les donnant comme cause efficiente de tous les phénomènes qui se passent dans la nature. Car ces fluides, bien que les physiciens modernes les considèrent comme dépourvus des principales propriétés de la matière, n'en sont pas moins matériels et par conséquent inertes. Mais si les fluides impondérables sont inertes, ils ne peuvent entrer comme cause première dans la manifestation ou la production d'aucun phénomène, puisque une cause première, c'est quelque chose qui a sa raison d'être, qui est actif et libre et non fatal. Donc, pour les savants qui nient l'action de la parole de Dieu sur la matière, la physique n'est qu'un ensemble de faits sans cause, c'est-à-dire la science la plus vaine et la plus futile de toutes les sciences humaines. Mais par l'intervention de la parole de Dieu, du *fiat lux*, on rattache les phénomènes ou les effets, à leur véritable cause ; on jette un pont sur l'abîme, on le franchit, on arrive au principe de

tous les phénomènes, et alors la science apparaît
dans toute sa force et sa majestueuse simplicité.

§ II.

Après ces considérations générales, essayons de
faire voir que la pesanteur, l'attraction planétaire et
l'attraction moléculaire ne sont que des manifestations
diverses de la force luminique. Pour simplifier la
question, nous ferons remarquer que ces trois phénomènes ne sont que des états particuliers de l'attraction universelle. On a reconnu en effet, que toutes
les molécules de la matière se portent les unes vers les
autres, dès qu'elles sont abandonnées à elles-mêmes.
C'est ce que l'on démontre facilement, au moyen de
l'appareil de Cavendisch, pour tous les corps placés à
la surface de la terre ; c'est ce que Newton a déduit
des belles observations de Képler, pour tous les corps
planétaires. Les phénomènes se passent donc de la
même manière que si toutes les particules des corps
s'attiraient mutuellement, ou comme si elles étaient
le siége d'une attraction ; aussi emploie-t-on généralement le mot *attraction universelle* pour indiquer
le fait dont il s'agit.

La cause de cette attraction a été vainement cher-
chée par les philosophes et les physiciens ; mais
ils n'ont trouvé que le phénomène et la loi qui le
caractérise. C'est à Newton, comme on sait, qu'on doit

la découverte de cette loi. Nous la retrouverons quand nous parlerons des attractions et des répulsions électriques. On peut l'énoncer ainsi : *Toutes les molécules de la matière s'attirent en raison directe de leurs masses et en raison inverse du carré de leur distance.*

Si le lecteur a bien compris le peu de mots que nous venons de dire sur la force luminique, s'il a lu et médité un peu le premier verset de la Genèse, il résoudra sans peine cette question que nous allons lui poser : Quelle est la cause de l'attraction universelle ? Est-elle dans la matière ? Non, assurément. Elle procède donc d'une cause, d'un principe immatériel, c'est-à-dire de la parole de Dieu, de la puissance du *fiat lux*, de ce qu'enfin nous avons appelé la force luminique ou la lumière-force.

§ III.

Le calorique est aussi un agent physique. C'est lui, comme on sait, qui produit en nous les sensations de chaleur et de froid. Cet agent est universellement répandu dans la nature. Ici nous ferons remarquer qu'il en est de même du fluide électrique, du fluide magnétique, du fluide éthéré etc, qui se trouvent partout, qui remplissent tout l'espace vide ainsi que les pores de tous les corps pondérables. Tous ces fluides, s'ils sont irréductibles, sont donc mélangés d'une manière intime, puisqu'ils occupent en même temps les mêmes points de l'espace. Mais revenons au calorique. C'est lui, qui s'oppose au contact immédiat des particules de matière dont les corps sont formés ; c'est lui qui produit les variations de volume et de densité que les corps présentent à chaque instant ; c'est lui enfin qui fait passer successivement les mêmes corps par les états solides, liquides et gazeux, selon qu'il agit avec une énergie plus ou moins considérable.

Son identité avec la lumière est aujourd'hui généralement reconnue. Tous les corps, en effet, deviennent lumineux, au moins dans l'obscurité, quand ils atteignent la température de cinq ou six cents degrés ; et la vivacité de la lumière qu'ils émettent est d'autant plus grande que leur température est plus élevée. Ces résultats, qui sont dus à M. Pouillet, prouvent que la chaleur se transforme en lumière quand elle est portée à un degré suffisant, et que la chaleur et la lumière sont dues à un seul et même agent. Plusieurs autres phénomènes conduisent aussi à la même conséquence : c'est ainsi que les rayons lumineux sont presque toujours accompagnés de rayons calorifiques ; c'est ainsi encore que les lois de la réflexion et de la réfraction sont les mêmes pour la chaleur et pour la lumière.

Pour expliquer les phénomènes de la chaleur et de la lumière, on a fait deux hypothèses. La première, ou *l'hypothèse de l'émission*, a été admise par presque tous les physiciens jusqu'au commencement de ce siècle ; mais elle est presque généralement abandonnée aujourd'hui. La seconde, ou *l'hypothèse des ondulations*, a prévalu comme plus à la mode et comme satisfaisant mieux aussi aux exigences de la science! Dans cette dernière, on admet l'existence d'une substence inerte, impondérable, éminemment subtile et élastique, à laquelle on donne le nom d'*éther*. Ce fluide éthéré remplit les vides des espaces célestes, ainsi que les pores qui existent entre les particules matérielles. On admet en outre que les molécules des corps chauds, ainsi que les molécules des corps lumineux, exécutent sans cesse des mouvements vibratoires autour de leur position d'équilibre ; que ces mouvements se communiquent à l'éther qui les entoure, et qu'ils se transmettent de proche en proche par l'intermédiaire de ce fluide, jusqu'aux molécules de tous les autres corps, de même que les vibrations des corps sonores se transmettent à l'ouïe par les vibrations de l'air.

Cette hypothèse, que nous donnons ici en abrégé, est, comme on voit, fort ingénieuse. Elle explique parfaitement les phénomènes de chaleur et de lumière ; mais elle ne dit rien de la nature de ces phénomènes ni de la cause qui les produit. On admet bien, il est vrai, que les molécules des corps chauds, ainsi que les molécules des corps lumineux, exécutent sans cesse des mouvements vibratoires autour de leur position d'équilibre ; mais, qui leur communique ces mouvements vibratoires ? Est-ce l'éther ? C'est impossible, puisque, outre qu'il est inerte, il n'est que le véhicule de la chaleur ou de la lumière, de même que l'air est le véhicule du son. Est-ce le calorique ? Mais on nous dit que le calorique n'est autre chose que l'éther animé d'un mouvement vibratoire. On voit donc qu'il y a là un cercle vicieux et qu'on élude la difficulté sans la résoudre. L'hypothèse, telle que nous venons de l'exposer très-rapidement, n'a rien cependant qui choque les savants ni les idées généralement reçues. Aussi a-t-on fait de cet éther inerte un agent universel et omnipotent, un être merveilleux ; et voilà l'erreur qu'il faut signaler et combattre. Car, après tout, que sont ces fameuses vibrations du fluide éthéré, sinon un changement de position et de rapport, un mouvement qu'il ne peut tenir que d'une cause immatérielle et intelligente ? Si l'éther n'est pas cette cause, c'est-à-dire s'il n'est pas la lumière-force ; si, sous le nom d'éther, ce n'est pas la force luminique qui opère dans l'univers tous les mouvements, toutes les réactions, qui règle, harmonise, compense et balance tout ; si, en un mot, ce n'est pas l'action de la parole de Dieu sur la matière qui régit l'univers, la science déraisonne, elle donne à un être fictif, imaginaire, à une entité de son invention, à une espèce d'idole, une puissance immense, incommensurable que rien au monde ne peut justifier. Il faut le dire enfin, car l'entraînement va évidemment trop loin, où trouvera-t-on aujourd'hui un savant qui n'ait point fléchi le genou devant ce Baal éthéré ? Ceux mêmes qui naguère s'étaient permis de bâtir sans lui un système du monde, ont abandonné leur viel édifice pour en construire un autre avec l'éther, moitié matériel, moitié immatériel. Il font pénétrer cet éther dans les minéraux et dans tous les corps, le font circuler dans les animaux, remplir l'espace, vivifier l'univers. « C'est par lui, dit M. l'abbé Maupied, que commence la création, *fiat lux, et facta est lux* » *(Coup-d'œil sur l'organ.)*

Pourquoi donc la science a-t-elle peur de Dieu à ce point qu'elle ne veuille pas, malgré sa pénurie et ses inconséquences, s'adreser directement à lui ? M. Maupied ne voit-il pas que la lumière créée n'est qu'un effet ? Mais effet de quoi ? de l'éther ? certes non ! puisque la Volonté de Dieu a seule précédé le chaos et la lumière. La lumière créée ou phénoménale est donc l'effet de la volonté de Dieu ou de sa parole, du *fiat lux*, ou de son action sur la matière, c'est-à-dire, en définitive, de la force luminique. Mais la volonté, l'action et la parole de Dieu étant identiques, *dixit et facta sunt, mandavit et creata sunt* (Ps. 32), il s'ensuit que la lumière-force ou la force luminique est la loi suprême, là force universelle, la cause unique, l'agent vital de l'univers. Après tout, que risque la science d'admettre cette doctrine ? Quant à nous, nous avouons être plus à l'aise et plus tranquille sous l'action de Dieu que sous la domination de l'éther, de ce nouveau venu, dont l'existence

est un problème et l'intelligence absolumment nulle.
M. l'abbé Maupied ne pense pas comme nous sur
ce point, puisqu'il doue l'éther d'une puissance
d'action universelle. « Le fluide éthéré, dit-il, que
nous avons démontré dans nos précédentes leçons
être tout à la fois lumière, électricité, chaleur et
magnétisme, est véritablement la grande loi de l'u-
nivers. » Mais qu'est-ce qui produit le mouvement
dans l'univers ? Est-ce l'éther ? c'est impossible,
puisqu'il est matériel et inerte : ce qui est matériel
et inerte ne peut être une puissance motrice.

§ IV.

Maintenant il nous reste à parler de l'électricité et
du magnétisme. Pour être plus court et ne point
entrer dans des détails superflus, nous dirons tout
de suite que ces deux agents ne sont que des manifestations d'un même principe, et que leur identité
a été clairement démontrée dans ces derniers temps,
grâce aux belles recherches de M. Ampère. OErstedt
fut le premier qui découvrit en 1820 l'action du
courant électrique sur l'aiguille aimantée. Cette découverte précieuse conduisit M. Ampère à essayer
l'action des courants sur les courants et des aimants
sur les courants. Il découvrit alors une série de
phénomènes qui le portèrent à admettre l'identité de
l'électricité et du magnétisme. Plus tard, M. Arago
reconnut que le courant de la pile pouvait aimanter

tous les corps susceptibles d'aimantation et communiquer au fer doux, par exemple, une puissance magnétique vraiment surprenante. L'identité des deux fluides fut dès-lors mise hors de doute. Tout ce que nous dirons du fluide électrique peut s'appliquer au magnétisme qui n'en est qu'une forme particulière, de même que l'électricité elle-même n'est qu'une manifestation de la force luminique.

Ce qui frappe d'abord, lorsqu'on étudie les phénomènes électrique s, ce sont les attractions et les répulsions qu'ils présentent. Cependant, ils sont produits par un même fluide qui est dit *positif* lorsqu'il se manifeste dans un corps relativement plus gros qu'un autre, et *négatif* toutes les fois qu'il se fait sentir dans un corps d'un volume moindre, toujours relativement à un autre. De sorte que les attractions et les répulsions électriques sont moins le résultat d'actions adverses que d'une inégale puissance.

§ V.

Mais l'électricité constitue-t-elle un agent particulier, ou bien sa cause est-elle la même que celle de l'attraction universelle ? Essayons encore de résoudre cette nouvelle question. On se rappelle sans doute que nous avons vu que les corps étaient formés de particules excessivement petites, réunies entre elles et maintenues à distance sous l'influence de deux forces opposées, l'une attractive, qui est la cohésion, l'autre répulsive, qui est la chaleur. On sait aussi comment nous avons fait entrevoir que ces deux forces n'étaient que le résultat d'une cause unique et universelle dont les actions adverses se rencontrent partout et président à la manifestation de tous les phénomènes physiques. Or, l'électricité nous présente le même antagonisme, les mêmes attractions et les mêmes répulsions, au point que certains physiciens ont cru qu'il existait deux fluides électriques dont les molécules de l'un attiraient les molécules de l'autre, et dont les molécules propres étaient dans un état continuel de répulsion. Coulomb a démontré aussi que les actions électriques varient avec les distances et les quantités d'électricité, suivant les lois de l'attraction universelle, c'est-à-dire qu'elles sont réciproques aux carrés des distances et proportionnelles aux quantités d'électricité.

L'affinité, que nous avons définie la force qui tend à rapprocher les molécules des corps hétérogènes, a été pendant fort-longtemps un phénomène très-mystérieux. Aujourd'hui on l'explique très-bien par la réunion des deux électricités. Si l'on remarque en effet, 1° que toutes les fois que les deux fluides se combinent, il y a dégagement de chaleur et de lumière ; 2° que dans la plupart des combinaisons chimiques, il y a dégagement de chaleur et quelquefois même de lumière ; 3° que tous les corps composés, soumis à l'action de la pile, sont décomposés ; 4° qu'au moment où la combinaison s'opère, il y a dégagement d'électricité, on est forcé de croire que, lorsque deux ou plusieurs corps se combinent, la combinaison n'a lieu qu'entre les fluides de ces corps qui entraînent avec eux les molécules matérielles et les obligent à s'unir d'une manière intime et permanente. Or, l'affinité n'est qu'un cas particulier de l'attraction universelle : l'explication qu'en donnent les principaux chimistes est donc une nouvelle raison en faveur de l'identité dont il s'agit.

§ VI.

Voyons maintenant si l'électricité s'identifie encore avec la chaleur et la lumière. Nous venons de voir que toutes les fois que les deux fluides électriques se combinent, il y a dégagement de chaleur et de lumière. C'est même sur ce phénomène qu'est fondée la belle expérience que fit Davy pour prouver les effets calorifiques de la pile. On prend un ballon de verre ovoïde, dans lequel sont placés en regard l'un de l'autre deux petits cônes de charbon éteint dans le mercure et fixés aux extrémités de deux tiges métalliques ; on fait le vide dans le ballon et on met les deux tiges en communication avec les pôles d'une forte pile. Le courant franchit alors l'intervalle qui sépare les deux charbons en les remplissant d'une lumière tellement éblouissante qu'il est difficile d'en supporter l'éclat. On sait aussi qu'on peut rougir et même volatiliser des fils de platine en les interposant entre les deux pôles d'une pile.

La combustion que les savants définissent un phénomène très-général, qui a lieu toutes {les fois que deux ou un plus grand nombre de corps se combinent avec dégagement de chaleur et de lumière, est encore due à la combinaison des deux électricités. Autrefois, pour expliquer le dégagement de chaleur et de lumière qu'accompagne toute combustion, les chimistes disaient qu'il était dû au rapprochement des molécules, c'est-à-dire au passage d'un corps gazeux à l'état solide. Mais MM. Delaroche et Bérard ont prouvé que cette hypothèse était erronnée, et que la chaleur spécifique du corps brulé est aussi grande et même plus grande que la somme de celles des éléments qui se combinent pendant la combustion. « Si les explications admises jusqu'à ce jour sur l'origine du feu sont défectueuses, dit le célèbre Berzelins, nous nous voyons forcés d'en chercher d'autres. Pourquoi, continue ce savant, ne pas adopter que dans toute combinaison chimique, il y a neutralisation des électricités opposées, et que cette neutralisation produit le feu, de la même manière qu'elle le produit dans les décharges de la bouteille de Leyde ? » L'opinion de MM. Dulong et Petit est tout-à-fait conforme à celle de

Berzelins, et les expériences de Davy, de M. Becquerel et de M. Pouillet semblent aussi la confirmer.
Ce dernier a démontré, en effet, que dans toute
combinaison opérée par le gaz oxigène, ce gaz s'entoure d'une atmosphère d'électricité positive, tandis
que le corps qui brûle est enveloppé de fluide électrique négatif. Mais ce qui démontre d'une manière
plus frappante encore l'identité de l'électricité et de
la chaleur, c'est que la chaleur elle-même peut
devenir, dans certaines circonstances, une cause
très-énergique d'électricité. Les courants qui sont
produits ainsi uniquement par la chaleur s'appellent
thermo-électriques. Ces courants proviennent d'une
inégalité dans la propagation du calorique à travers
les différentes parties du circuit.

Nous pouvons donc conclure de tout ce qui précède, que la chaleur, la lumière, l'électricité et
le magnétisme, sont dus à un seul et même principe.
Ces divers fluides ne sont que les instruments ou
les ministres (1) de cet agent unique et universel
ou de la lumière-force, qui peut-être agit sur eux
comme l'âme agit sur le cerveau pour la production
des phénomènes intellectuels. La matière, même
organisée, est essentiellement inerte et passive et ne
peut être mue que par un principe-cause actif et immatériel : *meús agitat molem*.

____

(1) Les fluides impondérables, en tant qu'ils sont des formes
diverses du feu, sont, suivant les paroles de l'Écriture, les ministres de Dieu : *ministros tuos, ignem urentem* (Ps. 105).

Mais un fait qui, à lui seul, résume tout ce qu'on peut dire sur l'identité des fluides impondérables, c'est la *polarité*. Il est nécessaire, à la vue d'un fait aussi universel, d'admettre un agent unique qui se manifeste en tout, partout et toujours, par deux actions adverses, un agent qui est toujours lui-même et toujours complet, dans les corps entiers comme dans leurs divisions ; car toutes les parties constituantes de la matière, animées par ces deux actions, quand elles forment des individualités minérales, se confondent intimement dans tout ce qu'elles composent. On comprend la valeur de ce fait contre l'ypothèse de deux fluides de l'électricité. Il en est de même pour l'hypothèse de deux fluides dans l'aimant.

Ainsi, l'univers visible a ses deux pôles ; chaque astre a ses pôles ; la terre a les siens ; et chaque réunion moléculaire, chaque corps a aussi deux pôles comme l'aimant ; et, bien que ce corps ou cet aimant n'ait que deux pôles, si on le divise en deux parties, chacune de ces parties en deux autres, et qu'on poursuive la division autant que le permettent les moyens mécaniques, on reconnaît que chacune des parties est encore un aimant possédant comme le premier la ligne neutre et ses deux pôles : au point même qu'on doit regarder comme impossible de séparer les deux pôles d'un aimant.

Conclusion générale. L'agent unique et universel qui anime et vivifie toute la nature, est-ce l'éther ? Nous avons démontré que c'est impossible, puisque l'éther est inerte par sa nature et ne peut devenir par conséquent cause d'aucun phénomène. Sera-ce l'électricité et les autres fluides impondérables ? Pas davantage, puisque quelque dégagés et quelque subtils qu'on les suppose, ils sont toujours matériels et partant inertes. Or, on sait que l'idée d'inertie est incompatible avec l'idée de cause.

Ce principe, inconnu jusqu'ici dans la science, cet agent unique et universel, qui est à la fois cause de l'attraction, de la lumière, de la chaleur, de l'électricité, du magnétisme etc. , c'est, pour nous, la force luminique ou la lumière-force, qui est la loi unique et universelle de toute la création.

§ VII.

Pour surabondance de preuves, nous ajouterons encore quelques réflexions d'un ordre plus élevé sur la force luminique ou la lumière-force.

Si dans l'ordre surnaturel, dans l'ordre de la grâce et de la gloire, les choses invisibles de la cité de Dieu sont figurées par les choses visibles de ce monde physique et matériel, n'est-il pas certain que ce principe trouve une parfaite application dans la lumière, considérée comparativement dans le monde visible et dans le monde invisible ?

Dieu a tout créé et affermi par sa parole : *Dixit et facta sunt. . . Verbo Dei cœli firmati sunt* (Ps. 32). Mais cette parole créatrice de Dieu, c'est son Verbe éternel qui est Dieu lui-même, et c'est par lui que tout a été fait : *Deus erat Verbum... Omnia per ipsum facta sunt* (I. Joan. 1. 3); mais ce Verbe, qui est Dieu, est lumière, suivant le même apôtre s. Jean : *Deus lux est* (I. Joan. 1 — 5). Donc tout a été fait par la lumière, c'est-à-dire par la lumière vraie, incréée, éternelle, indéfectible, source de toute lumière : *lux vera, perpetua, indeficiens, fons luminis, lumen de lumine.* Et tout se prépare pour le règne à venir dans le sein de la lumière, sans ombres et sans vicissitudes. Nous ne devons pourtant pas parler ici de la lumière considérée dans l'ordre surnaturel, dans l'ordre de la grâce et de la gloire. Nul ne peut ignorer que la félicité des bienheureux sera de voir la lumière dans la lumière de Dieu : *In lumine tuo videbimus lumen* (Ps. 35); et que la lumière éternelle luira au séjour des élus de Dieu, dans ce lieu de paix et de lumière : *lux perpetua lucebit sanctis tuis ; locus pacis et lucis*, comme s'exprime l'Église.

Cet univers-copie étant une figure de l'univers invisible, ou plutôt typique et éternel qui est en Dieu ; ou, suivant la pensée de Platon, Dieu ayant fait le monde, selon le modèle qui est dans son intelligence ou son Verbe, la *lumière-force* ou la *force luminique*, en tant qu'elle est l'action incessante de la parole de Dieu sur la matière actuelle est, comme nous l'avons déjà dit, la loi suprême de l'univers visible. Il s'en suit que dans celui-ci, son effet immédiat est la lumière phénoménale ou sensible, car l'action de Dieu est nécessairément force et lumière. Donc enfin cette toute-puissance du *fiat lux*, ou plus textuellement de l'Iehi or, *lumière soit*, est l'agent unique et universel de toute la création : *Et cùm sit una, omnia potest ; et in se permanens omnia innovat* (Sap. VII. 27).

Moïse ne parle que des choses sensibles, il parle aux sens; c'est la remarque de tous les commentateurs depuis s. Jérôme ; c'est la remarque qui vient le plus naturellement à l'esprit, pour peu qu'on médite la Bible. Donc, en parlant de la lumière sensible, Moïse laisse deviner sa cause ; car nous savons maintenant que cette lumière n'est qu'un effet, et cette cause ne peut être que l'action de Dieu sur la matière créée : *Subter omnes cœlos ipse considerat ; et lumen illius super terminos terræ.* (Job. XXXVII. — 3).

Dieu veut organiser l'univers avec tous ses globes, et la lumière sensible est le résultat de cette action. Il faut donc distinguer ici l'action de Dieu de son effet, la lumière phénoménale de la lumière-force ; et cette distinction est la seule possible d'après la Bible ; c'est aussi la seule convenable à la science.

Quand on considère attentivement le récit de Moïse, qu'on voit la matière universelle inerte, soumise à l'action de Dieu : *Spiritus Dei ferabatur super aquas, sicut superfertur rebus fabricandis voluntas artificis ;* quand ensuite on la voit s'organiser à dater du moment où la lumière fut produite, il faut admettre que dès ce moment aussi dut exister une puissance vitale universelle, qui se manifesta par la lumière (1).

Alors commencent la succession des choses, le mouvement avec les propriétés de la matière. La lumière-force étant l'action de la parole de Dieu, est une, indivisible, constante et universelle ; la lumière sensible est la plus haute expression de cette force. La force luminique agit instantanément, partout et toujours et à toute distance, puisqu'elle est l'action de Dieu qui est partout et toujours présent à ses créatures pour les animer et les conserver. Elle est pour l'homme, dans cet univers-copie, un des plus beaux et des plus grands symboles de la présence de Dieu en tout et partout, de sa toute-puissance, de sa sa-

---

(1) La nature entière ne vit et ne subsiste que sous l'influence de la lumière. Les animaux aussi bien que les végétaux s'étiolent dans les ténèbres : c'est une chose d'observation journalière et vulgaire. La lumière est donc le stimulus, le principe vital de toute la création. On sait que tous les malades sont plus fatigués pendant l'absence du soleil, et qu'ils se raniment avec le retour de l'astre du jour et de la vie. Quel serait l'effet de l'influence plus ou moins prolongée des ténèbres absolues ? La mort très-probablement de tous les êtres. Du reste, nous ne pouvons avoir, dans l'état actuel des choses, dans le monde présent, aucune idée juste des ténèbres absolues. Ce serait le retour du chaos primitif, la mort universelle. Les trois jours de ténèbres de l'Égypte étaient une espèce de supplice, puisqu'elles étaient un châtiment, une *plaie* pénale : et cependant ces ténèbres horribles, *tenebræ horribiles* comme dit l'Écriture, n'étaient certainement pas absolues, elles n'étaient que relatives et passagères. On peut croire que la production de la lumière artificielle était rendue impossible pendant ces trois jours de ténèbres, pendant lesquelles aucun homme ne pouvait bouger de place.

gesse et de son amour infinis. La lumière sensible, visible et phénoménale est le résultat de cette action vivifiante et conservatrice, toutes les fois qu'il s'opère dans les êtres minéraux une nouvelle combinaison. Et c'est pour cela que la lumière se fit à la voix du créateur qui organisait la matière ténébreuse, dont il fit jaillir la lumière. *Deus qui dixit de tenebris lumen splendescere* (2 cor. IV. — 6). Mais cette lumière matérielle, par cela-même qu'elle est le résultat des actions chimiques, sous l'influence de la lumière-force, ne peut être instantanée à toute distance, parce que la matière, si déliée qu'elle soit, a besoin d'un temps pour se mouvoir et pour obéir à l'impulsion de la force luminique universelle qui la régit.

Nous avons déjà vu plus haut que la force luminique anime toute la matière de deux actions adverses (1), *Omnia duplicia, unum contra unum* (Ec. XLII. — 25). Ces deux actions adverses forment la base de tout le système du monde et de tous les phénomènes électriques et magnétiques. En vertu de ces deux actions, tout s'attire et se repousse, tout se

---

(1) Elle (lumière-calorique) est partout; elle remplit l'univers, elle vibre dans toutes les parties de l'univers; elle est même dans les corps qui semblent impénétrables et qui lui doivent l'être; son centre est partout : c'est elle qui par sa présence remplit le vide de l'espace. « (*Univ. expl. par la révél.* p. 129.)

Nous ne voulons pas prendre la responsabilité philosophique de cette assertion : *vide de l'espace.* Indépendamment de la présence de Dieu qui le remplit sans doute, il y a une autre idée à se faire de l'espace, comme nous le verrons plus loin.

combine ou se décompose ; tout vit ou meurt, suivant que l'une des deux, par son exaltation et l'excès de la tension moléculaire qu'elle produit, pousse la matière à d'autres combinaisons. Ainsi, le défaut d'équilibre de ces deux actions produisant la mort d'un corps minéral, leur accord et leur convergence sur un point forment un autre individualité minérale. Et cette loi ne souffre aucune exception.

La lumière phénoménale, avons-nous dit, est la plus haute expression de la force luminique ; c'est-à-dire qu'elle est le résultat de tous les changements substantiels de la matière, de toutes les combinaisons et de toutes les décompositions nouvelles. Lorsque ces changements se bornent à des rapports moléculaires, il y a simple production de magnétisme, d'électricité, de calorique, phénomènes qui accompagnent toujours la lumière sensible, comme il est facile de s'en convaincre pour le calorique et pour les autres fluides impondérables, ainsi que l'admet la physique moderne.

Dès que la science moderne eut déclaré que la lumière était indépendante du soleil, on en a généralement conclu, sans plus de recherches, que Moïse admettait deux sortes de lumière. C'est, en effet, ce que professent aujourd'hui les cosmogonistes les plus distingués, entre autres M. Marcel de Serres. Voici ses paroles : « Moïse a distingué deux sortes de lumière, l'une mise en mouvement dès la première époque, et qui n'est que le résultat de certaines vibrations imprimées à la matière elle-même..... l'autre dont l'apparition a eu lieu à la quatrième époque et qui émane des corps lumineux disposés dans le firmament du ciel. » (*De la Cosmog. de Moïse*, **2**^me édit. t. **2**, p. **441**).

La lumière n'est pas une propriété, mais un phénomène offert par la matière, soit cosmique, soit sidérale , sous l'influence de la force luminique, dans des circonstances données. La lumière s'y trouve en puissance, dans l'état de repos moléculaire, parce que les molécules sont animées par la force luminique ; elle y est en action et visible quand le repos moléculaire cesse dans un corps, par sa destruction ou par sa constitution. Mais, entre la naissance et la mort d'un corps minéral, il y a une foule d'états intermédiaires, de degrés d'actions qui, sans développer le phénomène lumineux, en développent du moins quelque degré, à l'état de calorique, de magnétisme ou d'électricité. C'est là une loi générale qui trouvera sa démonstration dans le cours des chapitres suivants. Aussi, n'est-il plus possible d'admettre deux sortes de lumière. Il n'y a qu'une seule lumière manifestant le plus haut degré d'action de la force luminique, et divers autres phénomènes ou degrés différents de cette action. Nous allons faire voir, par les aveux de la science et par ses tendances, que la lumière est, par tout l'univers, un effet unique d'une même cause, c'est-à-dire de la force luminique.

Prométhée ne paraît pas être autre chose que la

personnification du feu organisateur, de la lumière ; car les anciens ne séparaient pas ces deux choses, et toute la bonne volonté de quelques modernes n'a pu y parvenir. La *vertu plastique* des philosophes, leur *chaleur radicale-intelligente* (Hippocrate), le *génie du feu* des Égyptiens, le *feu ouvrier*, le *feu artiste* de Galien, *l'âme du monde* de Platon, sont un reste de cette force luminique, demeuré dans les traditions des peuples.

Dans leurs éléments du monde, la terre, l'air et l'eau sont mis en action par le *feu plastique*. Dégagée de ses exagérations, la doctrine d'Épicure sur les atomes, sur l'espace et sur le *feu élémentaire*, peut être considérée comme un débris de la philosophie antédiluvienne.

Sanchoniaton fait agir l'esprit sur le chaos, la chaleur s'y développe, il fermente, et la vie apparaît. Et dans le *Zend-Avesta*, Ormusd dit à Zoroastre : « Je suis parole lumineuse, ô Zoroastre, que je te charge d'annoncer à toute la terre ».

Les premiers hommes, après le déluge, avaient pour l'idolatrie un penchant que nous ne comprenons plus. Ils s'étaient empressés de dresser des autels à tout ce qui dans le ciel et sur la terre s'appelait feu et lumière. L'agent universel de la vie devint leur Dieu et bientôt ils adressèrent leurs hommages à ses effets. *Vani autem sunt homines, in quibus non subest scientia Dei : et de his quæ videntur bona, non potuerunt intelligere eum qui est, neque operibus intendentes agno-*

verunt quis esset artifex. — Sed aut ignem, aut spi-
ritum, aut citatum aerem, aut gyrum stellarum, aut
nimiam aquam, aut solem et lunam, rectores orbis
terrarum deos putaverunt. (Sap. XIII. 1. 2.)

Le système d'unité et d'universalité était le seul
qui convînt à Dieu, le seul qui pût le représenter dignement dans cet univers visible ou matériel, et enfin
le plus utile à la nature, c'est-à-dire à l'universalité
des choses créées qui, de cette manière, sont mises en
relation d'une extrémité de l'univers à l'autre, et sub-
sistent par le mouvement continuel de composition et
de décomposition qui s'exécute en vertu de la même
loi.

On comprend maintenant avec combien de vérité
les anciens patriarches attribuaient tout à Dieu, avec
quelle justesse les livres sacrés font tout remonter à
lui : Dieu souffle le vent et fait la gelée : *Flante Deo
concrescit gelu.* (Job. XXXVII. - 10.) Il tonne : *Tona-
bit de cœlo Domimus.* (1 Reg. XXII. 14.) Il fait
pleuvoir : *Pluitque Dominus.* (Exod. IX - 23.) L'É-
criture est pleine de ces locutions. *Nubibus mandabo
ne pluant.* (Is. V. 6..) Enfin, voici un autre mot qui
contient aussi une admirable vérité de physique, découverte bien tard : *Fulgura in pluviam fecit.* (Ps.
134.)

Aussi, n'y eut-il pas d'invention plus malheureuse
que celle des *causes secondes* (1), dont la pauvre hu-

---

(1) Buffon avait dit : « Je veux m'abstenir d'avoir recours,
dans l'explication des phénomènes, aux causes qui sont hors de

manité se fit comme un mur de séparation entre Dieu et elle. Et jamais personne ne les a fait valoir avec plus d'ardeur que les impies, comme pour reléguer le souverain de l'univers hors du monde, de peur qu'il ne les gênât. L'homme coupable aime ces entités plus mystérieuses que Dieu-même ; cependant, entre nous et notre créateur, peut-il y avoir autre chose que lui-même, que son action conservatrice et coordinatrice ? Et, s'il retirait cette action, la matière retomberait dans le chaos de sa première existence toute négative et si voisine du néant, comme l'âme privée de l'action de sa grâce tombe dans la négation du bien, dans les ténèbres de son néant et de la mort. *In tenebris et in umbrâ mortis.* (Luc, I. - 79.)

Oui, Dieu est une cause assez vitale, assez puissante pour nous suffire ; et il n'y a de cause secondes (1) que les effets de son action sur la ma-

---

la nature. » Et on l'a imité si fidèlement que l'auteur de là nature n'est plus compté pour rien. Aussi, quel pêle-mêle de systèmes ou d'opinions quelquefois absurdes ou extravagantes, souvent bizarres ou ridicules et toujours déplacées dans une science grave et sérieuse. De là la nécessité de reconstruire et d'étayer sans cesse l'échafaudage scientifique des savants incrédules ; car la science athée fut et sera toujours sans base et sans fondement.

Personne n'a pensé encore à signaler cette fausse route de Buffon et des physiciens ou des naturalistes modernes. Au contrire, on semble croire, en général, que pour être savant, il ne faut faire intervenir Dieu dans la science, que le moins possible ou même pas du tout.

(1) Dans un autre sens, l'homme est la cause seconde, c'est-à-dire la seconde cause, après Dieu, par son intelligence.

tière, effets qui successivement en produisent d'autres et qui ne sont jamais qu'un mode de manifestation de l'agent unique et universel.

Lorsque, au commencement des temps, Dieu voulut réaliser l'univers typique, qui est en lui de toute éternité et que les élus contempleront dans toutes ses harmonieuses magnificences pendant les siècles immortels, alors il parla la lumière, comme dit saint Ambroise (1) ; son action vivifia, féconda et illumina l'univers. Et cette action l'accompagne et le prépare aux siècles éternels pour ceux qui ont la foi : *Est autem fides sperandarum substantia rerum, argumentum non apparentium,* (Heb. 11-1), cette foi, qui nous fait voir dans les choses d'ici-bas la figure des choses éternelles : *Fide intelligimus aptata esse sœcula Verbo Dei, ut ex invisibilibus visibilia fierent.* (Ibit. 3.)

Dieu a confié à l'homme le plus puissant excitant de la vie universelle, le feu, au moyen duquel il produit à volonté la chaleur et la lumière. Par le feu, l'homme dissout, désagrège, mêle ou altère les corps soumis à son industrie et à ses besoins ; et, chose admirable, les corps les plus propres à l'entretenir et à en augmenter l'énergie, sont aussi les plus communs. Mais tout n'est pas trouvé sur ce chapitre, et il reste à faire aux savants de grandes découvertes qui peuvent s'entrevoir par la méditation des phéno-

---

(1) *Naturæ opifex, lucem locutus est et creavit. Sermo Dei, voluntas est ; opus Dei, natura est.* (In hexam.)

mènes de la nature ramenés à l'unité de la force luminique. Nous ne craignons pas de dire que la physique, étudiée au point de vue de cette grande loi d'unité, offrira des aperçus scientifiques tout-à-fait neufs et absolument imprévoyables.

Il importe donc à la science d'ouvrir de nouveaux champs d'expérience, afin d'entrer dans une large voie de progrès. Mais ce progrès ne pourra être appréciable et réel, si le Dieu des sciences en est exclu, c'est-à-dire si la science ne devient biblique et religieuse : car toute conception de génie qui bannit l'élément religieux, sera frappée d'une irrémédiable stérilité, ou ne produira que des fruits d'amertume et d'orgueil. L'orgueil, en effet, est le grand obstacle aux vrais progrès de l'esprit humain. Et cet orgueil de la science, c'est la pensée impie de l'homme superbe qui attribue à la force de son génie les connaissances que Dieu lui a données, au lieu de lui en faire l'humble et sincère hommage.

O vous donc, cher lecteur, qui désirez acquérir la science, demandez à Dieu, en toute humilité, l'esprit de science et de sagesse, et quand vous l'aurez obtenu, servez-vous-en pour la gloire de Dieu, le salut de vos frères et votre propre sanctification ; car toute science qui n'a point pour constant objet ce triple but, est au moins une science vaine, stérile et inutile.

CHAPITRE II.

CRÉATION DE LA MATIÈRE.

Dieu a réalisé hors de son essence, mais cependant toujours en lui, cet univers visible sur le type parfait qui existait en lui de toute éternité, (1) afin que par la contemplation de ses œuvres nous nous élevions à sa connaissance et à son amour : *Invisibilia enim ipsius, à creaturâ mundi, per ea quœ facta sunt, intellecta conspiciuntur.* (Rom. 1-20) Aussi cet univers-copie porte-t-il partout l'empreinte de son Créateur : *Ut in constitutione mundi operatio Trinitatis eluceat.* (S. Ambr.) Dans toutes les créatures, dit saint Thomas, on trouve le vestige de la

---

(1) « Certainement l'idée de la matière qui compose l'univers, existait en Dieu de toute éternité, puisqu'il ne saurait y avoir rien en Dieu qui ne soit éternel, mais elle n'y existait que comme idée divine ; elle ne s'est trouvée exister matériellement que lorsqu'il a plu à Dieu de la manifester par son incompréhensible, mais toute puissante parole. Alors il a *parlé* la matière élémentaire de l'univers, selon le langage de la philosophie biblique. Parler la matière élémentaire de l'univers ! Etrange langage, mais langage sublime de sens et de vérité. La parole divine est sans doute la manifestation de l'idée de Dieu et de sa volonté, comme de celle de l'homme, mais celle-ci ne se manifeste que par des sons ou par l'écriture, signe de ces sons. Il n'en est pas ainsi de celle de Dieu, car celle-là se manifeste nécessairement par une action ou une création. » (Chaubard. *L'Univers expliqué par la révélation.* Page 82.)

Trinité divine ; mais dans l'homme on en trouve l'image : et cela doit être, puisque l'homme est fait à l'image et à la ressemblance de Dieu ou de la sainte Trinité.

Tout cet univers créé est une figure : *figura hujus mundi* (I Cor. VII-31), et une figure de l'univers typique. Nous vivons au milieu de choses sensibles qui toutes sont un symbole des choses invisibles et éternelles. Notre dessein n'est pas de nous arrêter à chaque pas pour faire remarquer les intéressantes vérités qui s'en déduisent et les merveilleux rapports du créé avec l'incréé, nous sortirions de notre cadre ; mais nous mettrons quelquefois sur la voie pour les faire sentir. Depuis le *Gradus ascendendi ad Deum* du Cardinal Bellarmin, on a beaucoup écrit sur ce sujet, mais dans le sens étroit des sciences analytiques et d'après les données d'une physique souvent athée.

Mais tout cet univers visible ayant eu un commencement, aura aussi une fin : « Tout ce monde visible n'est fait que pour le siècle à venir : tout ce qui passe a ses rapports secrets avec ce siècle éternel où rien ne passera plus : tout ce que nous voyons n'est que la figure et l'attente des choses invisibles. » (Massillon, *Sur les afflictions.*)

Nous n'avons voulu que rappeler une vérité beaucoup trop oubliée de nos jours.

§ I.

L'ESPACE. — LA MATIÈRE.

In principio creavit Deus cœlum et terram. (1) (Gen. I. — 1.) Il ne saurait être question ici du ciel tel que nous le voyons aujourd'hui, puisque les astres n'existaient pas encore. Il s'agit donc seulement du lieu où ils furent placés : *In firmamento cœli.* Il en est de même pour la terre, qui ne fut achevée et ne reçut son nom que le troisième jour. Il faut donc entendre par les expressions *cœlum et terram* l'espace et la matière qu'il contient. Je crois, dit saint Grégoire de Nysse, qu'il est évident pour tous que le créateur de cet univers a préparé d'abord l'espace ou le lieu qui devait recevoir les choses créées. (*Contr. Eunon.* , liv. I.) Mais qu'est-ce que l'espace ? On sait beaucoup mieux ce qu'il n'est pas. La matière n'est pas mieux connue dans son essence ; et voilà tout d'abord deux mystères qui forcent les plus intrépides penseurs à l'aveu formel de leur ignorance.

On peut croire que dans l'état primitif de la création, avant le premier jour génésiaque, la matière

---

(1) **BARA** *creavit*, **ASAH** *formavit*. Le mot *bara* n'est employé que pour marquer la création de la matière inanimée, la création des animaux ; et celle enfin de l'homme, fait à l'image et à la ressemblance de Dieu, ou l'âme humaine. Dans tout le reste, c'est le mot *asah*.

et l'espace confondus offraient un aspect semblable à celui d'un immense océan. C'est du moins l'idée la plus généralement admise par les traditions des peuples et par la science elle-même. Ceci demande des explications ; nous allons les donner, après avoir cité le 2ᵉ verset de la Bible dont elles seront le commentaire :

Terra autem erat inanis et vacua, et tenebræ erant super faciem abyssi ; et spiritus Dei ferebatur super aquas,

Terra. La terre, c'est le sujet principal du récit biblique. Moïse, comme le fait remarquer le savant Nicolaï, réduit l'univers entier à deux parties : l'une, le ciel qui est si vaste, l'autre, la terre qui n'y figure matériellement que comme un point. Mais Moïse entrait dans la pensée du créateur : il se hâte de parler de la terre, le cœur de l'univers, l'objet des complaisances du Tout-Puissant, le futur séjour du roi de la création, avec lequel Dieu devait faire ses délices : *Deliciæ meæ esse cum filiis hominum.* (Prov. VIII-31.) Cependant, la terre est encore vaine et vide : *inanis et vacua,* c'est-à-dire qu'elle n'existe encore que dans ses éléments et dans la pensée de Dieu; de sorte que l'écrivain sacré ne désigne réellement par ce nom que la matière universelle et élémentaire : « *Rerum quippe substantia simul creata est,* dit saint Grégoire-le-Grand, *sed simul formata non est ; et quod simul extitit per subtantiam materiæ, non simul apparuit per specimen formæ* ». (Moral.,

lib. 52, c. 12.) Saint Grégoire de Nysse avait dit :
« Par le ciel et la terre, il faut entendre le chaos
universel, consistant en une substance unique et incomposée, d'où devaient être tirés tous les corps
célestes et tous les éléments ». (Cité par Cornel. à
Lap. *Com. in gen.*, c. 1.) Saint Augustin (*De gen.
ad litt.* 11), affirme aussi que la matière fut d'abord
créée à l'état confus et élémentaire, d'où devaient être
tirés les astres et la terre.

Mais qu'était alors la terre ? Le texte sacré répond:
la terre était *teou*, c'est-à-dire matière sans forme,
et *beou*, c'est-à-dire divisée jusqu'à être insaisissable
ou invisible : *materia invisa*, comme dit ailleurs l'É-
criture. La science moderne eût-elle mieux ré-
pondu ?

C'est encore l'opinion de saint Thomas : « *Per
terram intelligitur materia prima* ». (1ª pars, quœst.
69.) Et ces hommes recommandables avaient raison.
Moïse lui-même ne nous montre-t-il pas que les mots
terre et *ciel* ne sont qu'une désignation anticipée
de la matière du chaos transformée, quand il dit ensuite : *Vocavitque Deus firmamentum cœlum* (v. 8),
Vocavit Deus aridam terram (v. 10), *Congregationesque aquarum appellavit maria* (v. 10) ? Ces
choses n'existaient donc point auparavant comme
telles... C'est depuis la création de la lumière que
les corps apparaissent et que les formations ont lieu
et s'achèvent.

Et tenebræ erant super faciem abyssi. L'illustre

évêque d'Hippone s'exprime ainsi sur ces paroles : « *Ex illo ergo tenebræ esse cœperunt, ex quo confusa moles cœli esse cœpit et terræ*. (Cont. adv. leg., lib. I-11, t. 8.) Ces ténèbres, cet abîme, confirment bien l'idée que nous nous faisons du chaos.

Et spiritus Dei ferebatur super aquas. Commençons par voir ce que nous devons entendre par ces eaux. Saint Thomas, en parlant de l'ouvrage du troisième jour, ne suppose pas même qu'il existât de l'eau toute formée : « *Non oportet dicere, quod terra primò esset cooperta aquis, et postmodum congregatæ, sed quod in tali congregatione fuerint productæ* (1ª pars, quœst. 69, concl. ad. 2ᵐ.) Il est évident que ces eaux du chaos, que nous appellerions volontiers génératrices, sont prises pour la matière élémentaire, matière à l'état de diffusion et de disgrégration, coulante ou vaporeuse, ne ressemblant à rien et ayant plutôt l'apparence de l'eau que de toute autre chose. Un tel état, sans doute, est incompréhensible ; nous n'en aurons jamais une idée juste, nous qui vivons dans le sein de la vie et de la lumière. Les ténèbres, qui en sont un caractère distinctif, annoncent l'absence de toute propriété, ou du moins une loi d'un ordre inconnu et entièrement différente de celle qui régit l'univers actuel, si toutefois le chaos a pu avoir quelque autre propriété que celle de l'existence pure et simple qui le séparait du néant. C'est ce qui paraît très-probable quand on considère la progression qu'il a plu à Dieu de suivre dans ses œuvres.

Fabricius dans sa *Théologie de l'eau*, supposant 'air d'une nature particulière, a dit que Moïse n'en a point parlé, parce que sa fluidité peut le faire comparer à l'eau (Liv. I, c. 1. 1741.). Or, la fluidité ténébreuse ou sans vie était commune à toute la matière ; et le raisonnement de Fabricius, admis par les commentateurs les plus réservés et par le P. Nicolaï lui-même, doit être accepté pour la matière en général.

Citons encore une fois l'opinion de saint Augustin (1). Voici comment il s'exprime dans son livre de la Genèse contre les Manichéens : Ce ne sont pas ici les eaux et la terre formées comme celles que nous voyons et touchons aujourd'hui, mais bien la matière élémentaire universelle, etc... (2)

Ainsi la terre et l'eau sont confondues dans les expressions, comme elles l'étaient réellement dans le chaos de la matière. Tout s'y trouvait à l'état atomistique et élémentaire, et l'on peut d'ailleurs prouver, par la chimie, que les éléments constitutifs de l'eau forment la plus grande masse des couches terrestres. En effet, l'hydrogène et l'oxigène composent toute la partie liquide du globe : ainsi combinés, ils pé-

---

(1) Nous nous servons des œuvres de St. Augustin, éditées par les Bénédictins de la congrégation de Saint-Maur, réimprimées à Paris en 1837, avec ses rétractations en tête de chaque livre. Nous avons eu soin de ne pas citer des opinions qu'il aurait rétractées.

(2) *Non enim aqua sic appellata est hoc loco (2e v.) ut à nobis intelligatur quam videre jàm possumus et tangere : quomodo nec*

nètrent toutes les roches, qui toutes contiennent de l'eau en quantité notable, soit par imbibition, soit par cristallisation (hydrates). On sait encore que l'oxigène, combiné au silicium (silice) et à quelques autres corps, forme à lui seul les $\frac{36}{100}$ de l'écorce terrestre, et qu'il constitue la cinquième partie de l'air ou de l'atmosphère, sans faire entrer dans ce calcul la vapeur d'eau qui en forme une partie considérable.

Avant d'aller plus loin, nous devons faire une remarque relative aux différentes versions de la Genèse. Les mots hébreux *Thou bohu*, ou *teou beou*, que la Vulgate rend par *inánis* et *vacua*, paraissent vraiment intraduisibles : leur signification littérale

---

terra quæ incomposita et invisibilis dicta est, talis erat qualis ista quæ jàm videri et tractari potest. Sed illud quod dictum est, In principio fecit Deus cœlum et terram, cœli et terræ nomine universa creatura significata est, quam fecit et condidit Deus..... Informis ergo illa materia quam de nihilo Deus fecit, appellata est, primò cœlum et terram..... Sed quia certum erat indè futurum esse cœlum et terram, jàm et ipsa materia cœlum et terra appellata est. Isto genere locutionis etiam Dominus locutus est, cùm dicit, etc....

« Eamdem ipsam materiam etiam aquam appellavit, super quam ferebatur Spiritus Dei, sicut superfertur rebus fabricandis voluntas artificis.... Proptereà verò non absurde etiam aqua dicta est ista materia, quia omnia quæ in terra nascuntur, sive animalia, sive arbores, sive herbæ, et si qua similia ab humore incipiunt formari atque nutriri. Hæc ergo nomina omnia, sive cœlum et terra, sive terra invisibilis et imcomposita et abyssus cum tenebris, sive aqua super quam Spiritus ferebatur, nomina sunt informis materiæ : ut res ignota notis vocabulis insinua-

est, on peut le dire, à peu près inconnue (1). Aujourd'hui, les progrès de la science font comprendre l'embarras des anciens traducteurs, qui avaient à rendre en leur langue des expressions représentant un état si inconcevable de la matière. Pour nous, connaissant l'abus que l'on peut faire des versions non reconnues par l'Église catholique, aussi bien que les altérations qu'elles ont subies, surtout dans les manuscrits hébreux, nous nous en tenons simplement à la Vulgate que l'autorité compétente a déclarée authentique. Et, s'il fallait donner une autre raison de notre préférence, nous dirions que la Vulgate étant l'œuvre des plus savants philologues et du travail le plus consciencieux, exécuté sur le plus

---

retur imperitioribus.... » (De Gen. cont. Manich., lib. I, c. 9, etc....)

L'Écriture prend ailleurs le mot *aqua* dans un sens à peu près semblable. Saint Pierre dit : *Latet enim vos hoc volentes, quod cœli erant priùs et terra, de aqua et per aquam consistens Dei verbo* » . (2. Pet. 5-5.) Or, cette eau dont parle le prince des apôtres ne peut représenter que la matière universelle qui servit à former le ciel et la terre ; car il est certain que la terre que nous habitons n'a pas été faite avec de l'eau proprement dite. Une nouvelle preuve que l'eau du chaos n'était pas l'eau normale, c'est que le calorique n'existait pas encore, puisque la lumière qui engendre le calorique n'était elle-même pas encore créée. Mais, comme on ne peut concevoir de l'eau proprement dite sans calorique, et que celui-ci, dans l'hypothèse que la lumière en est le principe, ce qui, pour nous, est une certitude scientifique et biblique, il s'ensuit que l'eau chaotique ne pouvait être de l'eau naturelle telle qu'elle existe aujourd'hui.

(1) L'ebraica lezione ha *Thou* et *Bohu*, le quali due voci

grand nombre de manuscrits et des plus corrects, offre par là-même toutes les garanties désirables. Quant à toutes les autres anciennes versions, comme la syriaque, la samaritaine, la chaldaïque, la cophte, l'arabe etc., elles sont toutes plus ou moins inexactes. Ainsi, sous tous les rapports, la Vulgate est le livre le plus approuvé et le plus parfait.

Revenons maintenant à la dernière partie du second verset : *Et Spiritus Dei ferebatur super aquas.* Saint Jérôme traduit simplement *Spiritus Dei*, par l'Esprit de Dieu. Il le représente soutenu sur le chaos par sa toute-puissance et réchauffant les eaux comme une poule qui réchauffe sa couvée. L'image est très-

---

insieme unite in Geremia (Tren. 4. 23) significano desolazione : *Aspexi terram, et ecce vacua erat et nihili.* I Settanta traducono *Invisibilis et incomposita* ; Aquila e Teodozione, *inane et nihil* ; Simmaco, *strues sine motu* ; la parafrasi Caldaïca, *Desolata et vacua.* (*Dissert. e Lez. di sac. scrit.* A. Nicolaï. *lib. del. Gen. Lez.* 4e.)

Pour le mot *Lux* du verset 3e, encore que sa signification soit bien connue, on ne s'accorde pourtant pas sur la valeur grammaticale du mot hébreu qui y correspond. Le savant Bergier dit que le mot hébreu qu'on a traduit par *lux* signifie *feu* aussi bien que *lumière.* Aussi M. Chaubard l'a-t-il rendu par le mot *lumière-calorique.* Il affirme que « le sens de calorique et de lumière est exprimé dans la Bible par un seul et même mot, comme étant une seule et même chose (*avor*) ». Mais, si nous recherchons le vrai mot hébreu, nous trouvons que les uns le prononcent *or,* les autres *aor,* d'autres *our,* enfin quelques uns *avor.* Ces deux exemples peuvent justifier le choix que nous faisons de la version latine de la Vulgate, destinée à juger en dernier ressort de la valeur et de la signification des termes de la Bible.

exacte, quoi qu'en disent certains modernes, et nous amène à la belle idée que quelques saints Pères s'é-taient faite de cet Esprit de Dieu dominant la matière pour l'animer. Voici comment s'exprime saint Thomas : *Spiritus Dei aquis superferri dicitur, non corporaliter, sed sicut voluntas artificis superfer-tur materiæ quam vult formare* » (Sum. Theol. 1ᵃ p., quœst. 46, art. 1.) Dans ce passage remar-quable, saint Thomas nous paraît sublime. Il nous montre la matière sous l'influence de l'action créatrice qui la soutient dans son incompréhensible existence et qui va l'organiser. Saint Augustin l'avait déjà fait long-temps avant lui, en prémunissant les hommes contre toute idée peu convenable à l'immatérialité et à la toute-puissance de Dieu : « *Cavendum ne quasi locorum spatiis Dei Spiritum superferri materiæ putemus, sed vi quadam effectoria et fabrica-toria.... Sicut superfertur voluntas artificis rei sub-jectæ ad fabricandum* ». (De Gen. ad litt. 16.)

L'opinion de tous les graves personnages que nous venons de reproduire, est d'autant plus accep-table qu'il n'ont été portés à l'émettre par aucune idée préconçue, ni par le désir de servir aucun système, mais par la simple exposition du ré-cit de Moïse, et par l'admirable progression que suit le Créateur dans ses œuvres. Il crée d'abord la matière pure et simple, sans combinaison et sans propriété, du moins connue ; puis il est représenté comme appliqué à cette matière pour l'animer et pour l'organiser ; enfin il l'organise et la perfectionne. Avant de rechercher quelles ont été les opinions des anciens et les traditions profanes sur le premier état de la création, nous ajouterons que l'Écriture sainte elle-même nous aide à fixer nos idées sur cet état, et confirme ce que nous venons de dire : *Qui vivit in æternum créavit omnia simul.* (Eccli. XVIII-1.) Tout a été fait en même temps, c'est-à-dire que le chaos renfermait la matière de toutes les choses qui composent cet univers. Voilà les eaux du monde, les eaux-mères de la création, la matière élémentaire, désagrégée, ténébreuse, aqueuse, que la sagesse nous dit avoir été invisible : *Omnipotens manus tua (Domine) quæ creavit orbem terrarum ex materia invisa.* (Sap. XI-18.) Invisibilité par atténuation, par diffusion de la matière élémentaire qui a servi à la formation du globe terrestre, de l'eau, de l'air et de tous les astres. La matière chaotique renfermait donc tout et n'était ni un fluide, ni un liquide, ni un solide, mais un amas informe de matière, un abîme de ténèbres et de molécules élémentaires dont Dieu allait former le ciel et la terre,

§ II.

TRADITIONS PROFANES.

Maintenant nous comprenons pourquoi Thalès de Milet, qui, au rapport de Cicéron, fut le premier à s'occuper de cosmogonie, prétendit que toutes les choses visibles tiraient leur origine de l'eau, à laquelle Dieu donna la faculté productrice. Il n'était que l'écho de la tradition universelle. Anaximandre, disciple de Thalès de Milet, regardait l'air comme le principe générateur de toutes choses. Suivant Anaximène, disciple d'Anaximandre, ce principe était un fluide qui tenait le milieu entre l'eau et l'air. Anaxagore, sorti de l'école d'Anaximandre, commence ainsi son ouvrage ou la Genèse du monde : « Toutes les choses étaient dans la masse primitive ; l'intelligence porta son action sur cette masse et y mit l'ordre dont le monde est le résultat. » Hésiode nous représente le chaos comme la matière primordiale, et l'amour comme le principe créateur. Dans Ovide surtout, avant qu'il y ait la mer, la terre et le ciel qui renferme tout le reste, on voit tous les éléments confondus dans une masse informe et liquide, que l'on a nommée, dit-il, le chaos. Les Hébreux et les Chaldéens se représentaient le chaos comme une mer immense de matière universelle. (Nicolaï *Diss. Gen.* Lez. 4, tom. I, p. 332.) Les Stoïciens regardaient aussi le chaos comme une matière aqueuse. Dans le siècle passé, Eller et Pierquin croyaient que toutes les choses créées devaient leur origine à l'eau, et Dikinson disait que ces eaux-mères étaient composées d'atomes. (*Phys. vet. et ver.* C. 17.)

On lit dans le *Padma-Pourana* des Indiens, et dans les lois qu'ils prétendent avoir reçues de *Menou :*

« L'univers n'existait que dans la pensée divine, d'une manière indéfinissable... Alors la puissance existante par elle-même, créa le monde visible avec les cinq éléments, divers principes des choses, étendit son idée, et dissipa les ténèbres sans diminuer sa gloire ». (*Rel de l'antiq.* par Fréd.-Creuzer. 1827. Tom. I, liv. I.)

Les Perses nous offrent à ce sujet des histoires dont le récit de Moïse semble former le canevas. Il est vrai que les livres des peuples d'Orient sont récents en comparaison de la haute antiquité qu'on s'était plu à leur attribuer : ils ne remontent peut-être pas, dit-on, au delà du XIII⁰ siècle de notre ère, aussi ne les citons-nous que pour leurs opinions cosmogoniques. « Ormusd, principe de tous les êtres, créa le monde en six temps. Il fit d'abord le ciel, puis l'eau, la terre, les arbres, les animaux, etc. (*Analy. du Boundehesch*, par Anquetil.)

Les Chinois possèdent un passage du Laotseu, ainsi conçu : « Avant le chaos qui a précédé la naissance du ciel et de la terre, un seul être existait, immense et silencieux, immuable et toujours agissant sans jamais s'altérer ». (*Mém. de M. Abel Rémusat sur les Chin.*)

La tradition des Égyptiens, conservée par Diodore de Sicile, mérite d'être mentionnée. « A l'origine des choses, le ciel et la terre, confondus ensemble, n'offraient d'abord qu'un aspect uniforme. Ensuite, les corps se séparèrent les uns des autres, et le monde revêtit la forme que nous lui voyons aujourd'hui. » *(Biblioth. hist. de Diod. de Sicile, traduc. de M. Fréd. Hoefer.* 1846. Tom. I, p. 7.) Le même auteur rapporte aussi l'opinion cosmogonique consignée par Euripide dans sa *Ménalippe* : « Ainsi le ciel et la terre étaient confondus dans une masse commune, lorsqu'ils furent séparés l'un de l'autre. — Tout prenait vie et naissait à la lumière ». *(Lib. cit.)*

Les traditions des Tartares et des Américains ne sont pas moins explicites ; elles sont toutes plus ou moins remarquables, en ce sens qu'elles se rattachent toutes à la religion des peuples et remontent à leur dispersion dans les plaines de Sennaar. Nous terminerons donc par ce passage remarquable du livre indou, *le Shaster*, extrait de *l'Histoire universelle* (tom. 51, p. 97) : « Le grand Dieu étant seul, et voulant manifester son excellence et son pouvoir en créant le monde habité par des êtres intelligents, commença par créer quatre éléments : la terre, l'air, le feu et l'eau. Ces éléments étaient mêlés ensemble, mais il les sépara et s'en servit pour former les différentes parties de ce monde visible ».

Mais n'insistons pas davantage sur ces débris traditionnels plus ou moins altérés de la cosmogonie biblique, et voyons comment nos contemporains les entendent et les commentent.

§ III.

OPINIONS DES MODERNES.

Nous n'avons point à parler ici des systèmes de Leibnitz, de Descartes, de Buffon, de Franklin et de tant d'autres qui sont à jamais ruinés. Nous excluons encore les romans cosmogoniques nés au collège de France ou sous son influence, et dont les savants auteurs ont mis beaucoup plus de talent et de vérité à se combattre mutuellement qu'à démontrer qu'ils avaient eux mêmes la raison de leur côté. En un mot, nous ne voulons point nous occuper de tous les systèmes ouvertement hétérodoxes dont on peut facilement saisir la fausseté, parce qu'ils ne tiennent pas compte de l'auteur de la Genèse, dont le récit cependant, dans sa marche silencieuse à travers les siècles, a successivement abattu toutes les erreurs. Plein de majesté et de vérité au milieu de tant de ruines, Moïse brille d'un éclat toujours nouveau, et, grâce à de récentes et mémorables victoires, il force les savants à croire enfin que leur amour-propre est intéressé à lui soumettre leur systèmes et à s'incliner devant son nom.

Nous ne devons nous arrêter un instant qu'aux savants qui se sont fait un devoir de consulter l'écrivain sacré ou de suivre son récit. Nous ne pouvons toutefois les mentionner tous ; ce serait

un travail immense et inutile. Nous ne parlerons
donc pas, par exemple, du système de M. l'abbé
Maupied qui fait créer la terre dans le vide, et
alterner la lumière avec les ténèbres pour former les
trois premiers jours par la puissance de la vapeur.
(Voyez le cours de *physique sacrée* de M. l'abbé
Maupied dans *l'Université catholique.* 1842).

Nous n'aurions pas même le courage de mentionner le système de M. Buckland (*Géol. et Minéral.
dans leur rapp. avec la Théol. nat.*), s'il n'avait
trouvé de nombreux échos.

Le savant géologue anglais avance que la création
actuelle s'est faite sur un ancien *monde naufragé*, et
que les couches terrestres fossilières sont antérieures
au premier jour de l'époque hexamérique. M. Des-
douits a prêté à ce système tout le prestige de son
talent dans les *Soirées de Monthléry* et dans *l'Université catholique* (t. 3). Il trouve très-commode,
pour la géologie, de rejeter au-delà des époques
mosaïques l'histoire de notre planète et la formation
des terrains qui en composent l'écorce connue ; mais
on lui a aussitôt opposé la Bible et une multitude de
faits : cela devait être. MM. Blainville, A. Brongniart, Constant-Prévost, etc...., ont d'ailleurs réfuté
victorieusement ce système antéhexamérique.

M. Jéhan, le plus récent apologiste de cette étrange
doctrine, cherche à l'appuyer de l'autorité de plusieurs graves personnages de l'époque et de celle des
Saints Pères, dont il ne cite pourtant aucun passage

en sa faveur. Sa note de la page 358 de l'ouvrage cité plus bas, a même tout lieu de surprendre les personnes versées dans l'étude des Pères.

Ces écrivains ont compris, il est vrai, la nécessité de prendre les jours de la création dans l'acception naturelle du mot, si fortement exprimé par l'auteur de la Genèse ; mais, pour échapper aux difficultés des faits géologiques, qui font recourir nos savants aux *époques indéterminées*, ils ont placé le développement des couches terrestres à une époque antérieure à l'univers actuel.

Mais il est un autre défaut dans ce système, que le lecteur saisira facilement lui-même en lisant le passage suivant du *Nouveau Traité des sciences géologiques*, par M. Jéan (2ᵉ édit.) : « Quand, dis-je, de telles lois (attraction, etc...) eurent fait de la terre un séjour stable et plein d'harmonie ; quand le Créateur eut comme essayé, aux diverses périodes et sur une échelle de plus en plus élevée, les formes de la vie au sein des différents milieux où elles devaient se développer, et qu'il eut ainsi préludé à la création du chef-d'œuvre qui devait être comme le couronnement de cette longue série de phénomènes préparatoires, alors il étend son bras et, dans la nuit d'un chaos temporaire, il efface ses premières ébauches, comme un peintre dédaigne une esquisse qui rend incomplètement sa pensée... » (Page 376.) (1)

____

(1) L'auteur aurait pu s'exprimer avec plus de respect en

Ce *chaos temporaire* vient bien à propos pour donner une teinte biblique à l'hypothèse antéhexamérique ; mais, comme on trouve des ossements de notre espèce et des restes de son industrie dans certains terrains qui furent le résultat des *ébauches effacées,* nous ne savons s'il faut faire intervenir une scène de jugement dernier pour le monde qui finissait alors. Un savant moderne (1) aurait pu s'en prévaloir pour faire, des élus et des réprouvés de ce *monde naufragé,* les bons et les mauvais anges du monde actuel ; car il nie l'existence des anges, en tant qu'intelligences d'un autre ordre que celui des âmes humaines.

A part les auteurs de ce système, les savants d'aujourd'hui admettent tous l'état de diffusion, de division extrême de la matière primitive. Un point cependant nous paraît inexact et contradictoire, et c'est le point essentiel : ils supposent cette matière à l'état gazeux, en d'autres termes, soumise à l'action du calorique. Mais l'état gazeux ne se conçoit pas sans le calorique, pas plus que celui-ci ne se conçoit

---

parlant du Créateur. Si nous relevons ici une inconvenance d'expression ou de langage de M. Jéhan, nous devons cependant rendre justice à cet auteur estimable. Son livre est un des meilleurs traités élémentaires de géologie qu'on puisse mettre entre les mains des jeunes gens. Il est composé dans un bon esprit et avec des formes attrayantes. On le lit avec fruit et plaisir.

(1) Voyez la *Théorie des êtres immatériels* dans *l'Univers expliqué par la révélation,* par M. Chaubard, in-8°. Paris, 1841.

sans la lumière qui n'était pas encore. Il faudrait donc, dans l'hypothèse de l'état gazeux, que le chaos ne fût pas chaos, que les ténèbres n'existassent pas, et qu'il y eût quelque combinaison ; il faudrait enfin quelque propriété à cette matière (nous parlons de propriétés du monde actuel) ; c'est ce que nous ne pouvons admettre.

Nous croyons que c'est ici la pierre d'achoppement de tous les cosmogonistes, et nous allons le montrer.

Depuis quelques années, on a abandonné l'idée du chaos tel que nous l'avons représenté, pour en adopter une autre d'après laquelle l'univers serait le résultat de l'agglomération d'une immense *nébuleuse.* On voit que cette opinion ne remonte pas au-delà d'Herschell. L'illustre Laplace s'en est emparé pour construire une théorie, d'après laquelle cet univers ne fut d'abord qu'un amas immense de matière cosmique à l'état gazeux, et telle que nous l'offrent les *nébuleuses*. Depuis lors, les nébuleuses ne furent plus, pour la plupart des savants, que le type du chaos primitif, de nouveaux univers en voie de formation. Et les idées d'Herschell, déjà si hardies, furent singulièrement exagérées.

Mais il y a un abîme infranchissable entre l'état de la matière ténébreuse du chaos biblique et celui de la matière des *nébuleuses*, c'est-à-dire de la matière de l'univers actuel. La lumière, résultat de la vie minérale donnée à la matière par l'Esprit de Dieu, se montre partout.; et, dans le chaos primitif, elle n'était nulle part. Ce que nous allons ajouter fera mieux ressortir encore cette différence. Nous ne parlerons expressément des nébuleuses que dans le chapitre suivant.

Nous sommes loin de partager certains scrupules religieux qui, en 1572, empêchèrent quelques astronomes d'admettre l'opinion de Tycho-Brahé sur l'étoile qui venait inopinément de prendre place dans *Cassiopé* ; rien n'empêchait sans doute de croire avec lui, qu'elle était formée par la récente agglomération de la *matière diffuse dans tout l'univers*. Képler pouvait aussi croire fort librement à l'*agglomération de l'éther* pour composer la nouvelle étoile de 1604 ; et M. Marcel de Serres n'est pas moins libre de voir dans les *nébuleuses*, des univers naissants. Mais est-ce que tous ces amas de matière élémentaire ne font pas partie de cet univers ? Est-ce que notre lumière a quelque rapport avec les ténèbres du chaos primitif ? Cette opposition de la lumière aux ténèbres, de la vie à la mort, des propriétés du monde actuel à l'absence de ces propriétés, est le fait le plus caractéristique de la cosmogonie de Moïse, et pourtant le plus méconnu. On dirait que les découvertes d'Herschell ont aveuglé tout le monde. Il n'y a plus de place dans la science que pour les *nébuleuses*.

« Dans le récit des savants, dit M. Godefroy, en remontant aussi loin qu'il est possible, après avoir parcouru une série d'états toujours de moins en moins lumineux, on arrive enfin à une nébulosité tellement diffuse que l'on a peine à en concevoir l'existence, on arrive enfin à l'état purement gazeux; et, dans le récit de Moïse, en remontant au premier instant de la création, on arrive à un état de matière vide et vaine, invisible et incomposée, divisée jusqu'à être impalpable, jusqu'à l'annihilation. « (*Cosmog. de la révélat.*, 2ᵉ édit., p. 34.) Or, il faut savoir que les nébuleuses les plus diffuses et les plus ténues, quoique moins lumineuses que d'autres, le sont pourtant beaucoup, c'est-à-dire qu'il n'y a pas de nébuleuses ténébreuses depuis le premier jour de la création : et voilà le grand point qui sépare M. Godefroy de Moïse qui nous donne les ténèbres comme caractéristiques du chaos. Cependant M. Godefroy croit avoir établi la parité et élève sur ce fondement son système cosmogonique. C'est tout au plus s'il a prouvé qu'il existe dans l'univers, des amas de matière élémentaire non réduite en globe ; et leur diffusion peut avoir pour cause, soit l'homogénéité de leur composition, soit une destination spéciale, tandis que la variété de leur éclat paraît dépendre des divers degrés de condensation de leurs molécules. Quoi qu'il en soit, il ne serait pas irrationnel de penser que cet état de diffusion de cette matière peut se trouver en parfaite harmonie avec la loi des combinaisons du monde actuel. Les éléments de l'eau, par exemple, peuvent être en présence sans se combiner, s'il ne survient quelque circonstance qui en favorise la combinaison. Enfin, il est très-permis d'affirmer *à priori* que tous les corps célestes n'ont pas la même composition que notre planète, et aucun astronome n'a jamais pensé à dire le contraire.

Dans le système que nous examinons, on pousse la parité de la matière chaotique avec celle des nébuleuses, jusqu'à vouloir que la création racontée par Moïse se soit passée de la même manière que ce qu'on suppose avoir lieu dans les nébuleuses d'aujourd'hui. Et, comme elles mettent des siècles dans les moindres changements de formes, on a été obligé de donner aux jours génésiaques des millions d'années de durée. Aussi MM. Ampère, Becquerel, Marcel de Serres et Godefroy, admettent-ils les *époques indéterminées* aussi bien que l'état gazeux de la matière ; cette dernière erreur est même partagée par M. Chaubard. C'est la conséquence du prestige attaché aux brillantes découvertes d'Herschell, prestige contre lequel M. Arago semblait vouloir prémunir le monde savant en signalant « le danger qu'il y aurait à tirer des conséquences trop absolues des évolutions de la matière diffuse, des formes diverses qu'elle peut affecter en s'agglomérant » (*Ann. du Bur. des Longit.* 1842, p. 441), et en disant que « tout nous autorise à penser que les molécules *laiteuses* sont soumises, dans les vastes régions de l'espace, à des formes dont nous n'avons aucune idée. » (*Ibid.*, p. 442.)

Une autre erreur qui en découle, c'est qu'on a dû admettre un principe animateur quelconque de la matière diffuse avant cette loi, cet agent universel de la vie, c'est-à-dire la lumière-force. Pour M. Godefroy, dans la deuxième édition de son ouvrage (1847), ce principe, c'est le calorique. Il le fait venir on ne sait d'où ; il établit tout exprès pour lui un mode d'action particulier, sans prendre la peine d'en donner des preuves ; et enfin il le fait monter peu à peu à la surface de l'abîme, où il produit la lumière, parce que les astronomes ont cru observer que la photosphère solaire n'était lumineuse qu'a la surface, et que les nébuleuses offraient elles-mêmes une *pellicule* lumineuse. Il est vraiment incroyable comment des auteurs, d'ailleurs estimables, ont construit des systèmes cosmogoniques avec les idées les plus incertaines et souvent les plus disparates, comme si des phrases et des mots pouvaient constituer une science quelconque.

Mais citons un passage de M. Godefroy sur le *principe calorifique :* il y est question du chaos de la Bible. « Sans doute dans le principe, la chaleur indispensable pour l'existence à l'état de nébulosité diffuse de toutes les parties de la matière, n'admettait la possibilité d'aucune combinaison chimique entre les molécules.... Un premier dégagement de calorique dans la masse constitutive avait déterminé la condensation des vapeurs appartenant aux corps les plus réfractaires, à ceux qui exigent la plus grande quan-

tité de calorique pour rester à l'état simple, etc... »
(*Cosmog. de la révél.*, p. 134.) De sorte que c'était
la chaleur qui vaporisait, qui sublimait cette immense
quantité de matière ; c'était elle encore qui s'opposait
à toute combinaison, à toute condensation.

Après cela, on conçoit comment cet auteur, avec
tous ceux qui partagent ses idées, a besoin d'un effroyable dégagement de calorique quand les vapeurs
se condensent pour former les globes, et comment
ils sont forcés de soutenir l'incandescence originelle
de la terre ; opinion que nous examinerons en son
lieu. Nous dirons toutefois ici que M. Godefroy n'admet qu'implicitement l'incandescence primitive. Il
en sentait bien tout l'inconvénient quand il dit
(*op. cit.*, p 168) que, pour ce qui en doit résulter,
il lui importe peu de savoir. A la bonne heure ;
mais, en attendant, voilà son principe terriblement
exposé.

De tout temps la science a été en possession
d'expliquer la Bible, ou plutôt de l'exploiter en
faveur des systèmes. Les Valentiniens, Burnet et
d'autres avaient déjà dit que la création exprimée
dans le premier verset de la Genèse, comprenait
celle de la lumière ; mais ils n'ont trouvé, pour se
faire absoudre d'hétérodoxie, que le fameux apologiste
de toutes les erreurs, Beausobre, qui les défend dans
son *Histoire du manichéisme* (liv. 6). Burnet,
d'ailleurs, ne se recommandait pas très-fort aux
amis de la vérité. Il prétendait, par exemple, que

Moïse avait joué un mauvais tour aux savants en plaçant la création de la lumière au premier jour ; qu'il avait menti pour ne pas faire croire que Dieu avait travaillé dans les ténèbres ; mais que, dans le fond, la cause productrice de la lumière avait été créée avec la matière. De sorte que Moïse pris en flagrante erreur, il se trouvait que Dieu n'avait rien fait le premier jour. (*Archæologia philos.* , liv. 2.) Nous concevons qu'on puisse donner de meilleures raions aujourd'hui, depuis qu'on a *découvert les nébuleuses* ; et surtout nous concevons qu'on puisse les produire dans un meilleur langage.

Un auteur anonyme, ardent newtonien, avait cru aussi que le principe organisateur avait été créé avec la matière, ou du moins lui était inhérent. Il publia, en 1748, à Berlin, un opuscule intitulé : *Origine de l'univers expliquée par un principe de la matière.* Pour lui, ce principe, c'est l'attraction : l'attraction avait aggloméré la matière, l'avait façonnée en globes ; et, non contente de cette œuvre, elle avait orné la terre de végétaux et d'animaux, sans avoir besoin d'aucun aide.

Quant à M. Godefroy, nous ne voulons pas dire qu'il s'écarte comme Burnet du récit de Moïse ; mais nous voulons dire qu'après un premier faux pas, où l'a entraîné la considération trop exclusive des données scientifiques de l'époque, son système a manqué d'unité et qu'il s'est trouvé malgré lui engagé dans une fausse voie. Aussi, quand il veut

expliquer ce   qu'il faut entendre par le *Spiritus Dei*
du second verset, il y trouve son *principe calorifique*
qui se dégageait de la *nébuleuse* pour se porter à
la surface par sa violence même ; car elle était très-
grande, puisque les matières les moins fusibles en
étaient réduites en vapeur. Dès lors, le *Spiritus Dei*
n'est plus pour lui que l'*âme du monde* de Platon,
le *Cneph* ou génie du feu des Égyptiens, le principe
générateur des Stoïciens. (*Op. cit.*, p. 22 *et seq.*)
Il y voit même, nous ne savons trop pourquoi, le
vitalis creatura de saint Augustin, qui est bien connu
pour donner partout au *Spiritus Dei* la signification
vraie et naturelle d'Esprit de Dieu.

De son côté, M. Marcel de Serres traduit les mots
Spiritus Dei par *vent violent*. (*De la cosmog. de
Moïse*, 2ᵉ *édit.*, *tom.* I, p. 35 *et seq.*) Cet auteur
n'a pas pris les mêmes soins ni accumulé autant de
citations pour prouver son opinion : il aurait pu
s'étayer peut-être de celle de Bossuet (*Elévat. sur les
myst.*, 2ᵉ *part.*) ; mais Bossuet a-t-il voulu parler
scientifiquement dans un traité de piété? Ainsi, c'est
le vent qui agitait la surface de l'abîme du chaos,
selon le savant professeur de Montpellier. Mais,
puisqu'il compare la terre vaporisée à une comète
(*ibid.*, p. 39), il aurait pu s'autoriser encore des
changements rapides qui s'opèrent souvent dans les
nébulosités de ces astéroïdes : on y observe, en
effet, des traînées de matière lumineuse de plusieurs
millions de lieues, qui disparaissent ou changent de

direction en quelques jours. Il ne manque pas d'astronomes qui ont attribué ces changements rapides à l'action d'un vent violent.

Mentionnons aussi l'opinion de M. Chaubard, qui traduit le *Spiritus Dei* par *immensité de l'espace*. Nous ne pouvons accepter cette interprétation. M. Godefroy, qui a aussi critiqué M. Chaubard, aurait dû citer le correctif adopté par cet auteur ; nous allons y suppléer : « Aux yeux de la science profane, dit M. Chaubard, l'espace n'est ni un être corporel, ni un être spirituel, ce n'est rien, ou bien c'est le néant qui a précédé la création. Il n'en est pas de même aux yeux de la philosophie biblique. L'essence divine est infinie : elle est partout ; tout est en elle et par elle, comme dit l'apôtre philosophe saint Paul. Dieu remplit l'univers par sa présence. Il déborde même ce que nous nommons l'espace, car lui seul est infini.... Dans ces mots *l'immensité de l'espace (Spiritus Dei)....*, la philosophie religieuse y voit Dieu remplissant l'univers ». (*L'univ.. expliqué par la révélat.*, p. 112. — Voyez aussi sa *Géologie*, p. 56).

Nous n'ignorons pas que les termes de la Bible, lorsqu'ils offrent des difficultés réelles, peuvent être interprétés de manière à y trouver un sens précis, mais ce ne doit jamais être au détriment des règles de l'herméneutique, que nous n'avons pas à développer ici : or, l'expression *Spiritus Dei* est-elle donc si obscure qu'il faille la torturer pour la traduire ?

Dieu veut, et la matière est ; mais, très-probablement, sans autre propriété que celle de l'existence pure et simple, ténébreuse et sans cohésion : abîme immense d'où nous allons voir le Tout-Puissant tirer tous l'univers, et ses merveilleux ornements, en y produisant la vie minérale d'abord, puis la vie végétale et enfin la vie animale. Non pas, dit saint Thomas, que Dieu fût obligé par impuissance d'en agir ainsi ; mais parce que sa sagesse infinie voulait procéder avec ordre. « *Non fuit hoc ex impotentia Dei, sed ex ejus sapientia, ut ordo servaretur in rerum conditione, dum ex imperfecto ad perfectum adducerentur.* » (Sum. theol. 1ª pars, quæst. 46, art. 1.) Et, puisque cet univers devait servir à l'homme de degrés pour s'élever vers Dieu, et qu'on ne s'élève vers lui que par l'imitation, nous devons voir dans cette conduite du Créateur une grande leçon pour corriger notre légèreté, notre activité impatiente et notre défaut d'unité dans nos œuvres d'un jour.

§ IV.

APERÇU ASTRONOMIQUE ET PHYSIQUE.

C'est à l'apparition de la lumière que le chaos s'organise, que la matière reçoit ses propriétés ; mais, avant de définir *l'attraction*, la plus générale de ces propriétés, voyons d'abord comment la science est parvenue à admettre son immatérialité, et en même temps comment elle considère la lumière phénoménale. Ce sera notre premier jalon sur la voie de l'unité de l'agent biblique.

Descartes crut mieux expliquer la pesanteur que Leucippe et Démocrite, en attribuant la chute des corps à l'action d'un tourbillon de matière très-subtile. Mais ce n'était pas la bonne voie, et les travaux d'Huygens ne parvinrent point à donner à cette hypothèse le moindre degré de précision et de vraisemblance.

Newton créa le mot *attraction* pour formuler la force qui fait graviter les corps les uns vers les autres, mais sans vouloir que ce terme impliquât l'idée de son mode d'action.

Des savants, s'étant emparés de la formule de Newton, firent de l'attraction une propriété essentielle de la matière ; et Lesage poussa la maladresse jusqu'à recourir aux *corpuscules ultramondains* : c'était rétrograder d'un siècle. Dès lors, l'impulsion devint la résultante de l'effort d'un certain fluide ou éther qu'il fallut douer, dit M. Arago, d'une vitesse bien supérieure à celle des corps, et capable de satisfaire à la somme de rapidité déjà si prodigieuse de leur déplacement. Quelle que fût cette vitesse, la propagation du mouvement devait exiger du temps, et Laplace calcula qu'en la supposant *huit millions* de fois plus grande que celle de la lumière, on suffirait aux exigences de la science. Ce n'était pourtant pas assez. Aussi le savant Arago, forcé de donner à la force d'attraction une vitesse *cinquante millions* de fois plus grande que celle de la lumière, repousse-t-il l'idée d'un fluide propagateur.

Képler, afin de n'avoir pas besoin d'une vitesse si embarrassante pour la science, admet tout simplement que l'espace pouvait être un immense levier propagateur de forces suffisantes pour produire les effets les plus grands et les plus étonnants de l'harmonie sidérale. C'était explicitement s'adresser à l'action de Dieu sur la matière, sur les graves.

Aussi, M. Person a-t-il eu grandement raison de dire dans ses *Eléments de physique* (1re part. p. 30) : « L'attraction universelle ne dépend pas du temps ; elle se ferait sentir immédiatement, quelle que fût la distance **entre** deux corps qui seraient créés tout à coup ». Et nous voilà tout à fait dans le domaine de l'action luminique de Dieu.

On sait que Descartes, Newton, Malebranche et autres, avaient dit que la cause de tout mouvement, c'est Dieu, comme saint Thomas avait dit : *omne mobile à principio immobili.* Mais, avec la théorie dont nous offrons l'esquisse, cette cause peut devenir enfin saisissable. Voici ce qu'en dit M. Chaubard : « L'action divine est une force purement immatérielle et infiniment intelligente. Alors on conçoit comment une telle compression n'agit point au hasard et avec indifférence absolue pour la matière. On conçoit très-bien, au contraire, comment elle comprime les molécules positives ou femelles et les molécules négatives ou mâles les unes contre les autres, comment elle pousse les corps électro-négatifs de l'espace vers les corps électro-positifs et réciproquement. On conçoit aussi comment toutes les molécules ainsi poussées gravitent vers le centre du corps, comment les astres de l'espace gravitent vers un centre commun ». (*L'Univers expl. par la révél.*, p. 345.)

Nous avons déjà dit que la force dont la lumière est le résultat est instantanée dans son action, et la science est forcée de l'avouer. Nous avions dit aussi que cette lumière phénoménale mettait un temps à se propager, puisqu'elle est la manifestation de la lumière-force, le produit des combinaisons moléculaires ; et maintenant nous allons montrer que la science est encore parvenue à le constater, sans néanmoins faire la distinction que nous avons établie : distinction capitale cependant, qui nous semble devoir être un puissant moyen scientifique entre les mains des astronomes et des physiciens.

Descartes, dont la science à son époque était encore moins en état de distinguer la lumière phénoménale de la lumière-force, voulait que la transmission du phénomène fut instantanée : « S'il faut, écrivait-il, le moindre intervalle de temps pour que la lumière nous parvienne du soleil, je suis prêt à confesser que je ne sais rien en philosophie ». (*Lett.* 17.)

Galilée, sans savoir trop pourquoi, soupçonna le contraire ; mais ses expériences n'eurent aucun résultat. Roëmer, en 1674, commença à en mesurer la vitesse ; et il est reçu aujourd'hui que la lumière fait 70 mille lieues de 25 au degré, par seconde : c'est-à-dire qu'elle va 80 mille fois aussi vite qu'un boulet de canon. Elle nous arrive donc du soleil en 8 minutes et 6 secondes, et elle parcourt un hémisphère terrestre en $\frac{1}{7}$ de seconde.

La nature, qui, à chaque secret qu'elle nous révèle, montre une exrême simplicité, a depuis long-temps fait soupçonner l'unité de la cause productrice de ses phénomènes. Avant le xviie siècle, la physique se réduisait à rien. Le *feu élémentaire* était le seul agent de la nature, et ses opérations étaient des mystères. Quand les nouvelles découvertes eurent donné l'éveil aux savants, une ère nouvelle commença ; ils ne tardèrent pas à saisir des rapports entre les divers *principes d'activité* qu'ils avaient reconnus. (1)

Il est intéressant de noter ici l'opinion émise,

---

(1) La première découverte fut celle de la singulière propriété qu'a le succin d'attirer à lui les corps légers qu'on lui présente, après qu'on l'a frotté sur la laine ou quelque chose de semblable (Thalès). Mais il lui a fallu plusieurs siècles pour porter son fruit. On ne reconnut que long-temps après, des propriétés ana-

dès 1738, par une femme célèbre, Mme du Châtelet, dans un Mémoire couronné par l'Académie royale. Pour elle, le calorique était l'agent général, et elle en faisait un être à part, une substance ni corporelle, ni immatérielle. Un peu plus tard, Paulian consigna, dans son *Dictionnaire de physique*, la croyance où il était que *le feu élémentaire* était *l'agent général* auquel il fallait attribuer *tous les phénomènes chimiques et électriques* ; il y consacra même un article spécial. (- tom. I, art. *Analogie.*) Telle était encore la pensée de son savant comtemporain, l'abbé Nollet : *Le calorique et la lumière*, dit-il, *ne sont qu'une seule et même substance diversement modifiée. (Phys. expérimen.*, tom. IV, leç. 13.)

A l'époque où écrivaient ces physiciens, l'*électricité* avait déjà été donnée pour compagne au calorique et à la lumière. Bientôt l'électricité elle-même trouva sur sa route le *magnétisme*, le *galvanisme*, tous les *fluides impondérables* qui s'isolèrent et devinrent le champ d'expérience d'hommes spéciaux ; et dès lors le *feu* élémentaire cessa d'exister dans le langage des savants. La science portait dans son sein l'agent universel dont elle

---

logues dans d'autres corps, tels que le verre, le souffre, les résines, la gomme-laque, les alcalis végétaux, les pierres précieuses etc., sans chercher toutefois à les expliquer. Ces phénomènes n'ont commencé à être rattachés aux faits électriques, que depuis un peu plus d'un siècle, lorsqu'on eut observé des faits nouveaux et, en apparence, de nature très-différente.

sent aujourd'hui impérieusement le besoin, et qu'elle annonce même ouvertement.

Buffon avait salué l'électricité par ces paroles remarquables : « Je me suis convaincu par de solides raisons que le fond de la matière électrique est la chaleur du globe terrestre ». (1) (*4ᵉ époque.*) C'était un premier pas vers la généralisation. L'illustre Lavoisier alla plus droit au but : « Sans la lumière, dit-il, la nature était sans vie, elle était morte, inanimée ; un Dieu bienfaisant, en apportant la lumière, a répandu sur la surface de la terre, l'organisation ». (*Traité de chimie,* tom. I, p. 202.)

Plus récemment, M. Lamé annonçait qu'il attribuait la chaleur et la lumière aux vibrations atomiques de l'éther. (*Ann. de chim. et de phys.* 1834.)

M. Marcel de Serres s'exprime ainsi dans son dernier ouvrage : « La théorie physique de l'électricité, excitée par la découverte d'OErstedt et les travaux d'Ampère, conduit aujourd'hui à faire dépendre tous les phénomènes électriques des actions mutelles de l'éther et de la matière pondérable » .

---

(1) Buffon avait quelque raison pour parler ainsi. Son génie devançait la marche lente de la science. On verra plus loin comment la masse pâteuse de l'intéreur du globe, par l'effet de la pression et des mélanges minéraux, est le siége d'actions et de réactions moléculaires incessantes, ou un laboratoire général de physique et une source inépuisable de courants dits électriques, magnétiques etc., c'est-à-dire luminiques à divers degrés.

(*De la créat. p.* 90). L'éther est en effet en possession d'un rôle brillant dans les théories modernes. La physique, pour être dans le vrai, n'aurait qu'à substituer à l'éther l'agent universel biblique, et les deux passage suivants, comme les deux précédents, seraient parfaitement exacts : « Si on passe en revue, dit M. Person, les différents moyens de produire de la chaleur, tels que les actions chimiques, le frottement, etc., on verra qu'ils se réduisent en définitive à des opérations où les atomes doivent prendre des mouvements vibratoires plus ou moins énergiques ». (*Élém. de phys.*, tom. II, *liv.* 6.) Et M. Young nous donne une idée de ces vibrations dans ses *Leçons de philosophie naturelle* : « On s'est convaincu, dit-il, que chaque point d'un milieu que traverse un rayon de lumière est affecté d'une suite de mouvements périodiques qui reviennent par intervalles égaux, au moins 500 millions de fois dans une seule seconde ».

Voici des aveux plus formels. En considérant la vive lumière développée dans le vide par les courants d'une forte pile voltaïque, dirigés sur un charbon, M. Jéhan s'exprime ainsi : « Les quatre ou cinq fluides que l'on avait regardés d'abord comme autant de principes différents, ne sont qu'un même principe, lequel est susceptible d'actions et de mouvements multiformes, suivant son intensité ou sa quantité ». (*Nouv. Traité des scien. géolog.*, 2 édit., p. 18.)

5

Et M. Kœppelin, en parlant de la lumière, dit :
« Ce fluide, analogue dans sa nature à l'électricité
et surtout au calorique, se produit ordinairement aux
mêmes sources que ce dernier ». (*Cours de phys.*
1846. P. 367,)

« Les savants, dit M. Godefroy, ne séparent
plus la chaleur de la lumière, qu'ils s'accordent à
regarder comme une modification du même principe ;
et on rend raison des phénomènes de l'électricité et
du magnétisme par la rupture et le rétablissement
de l'équilibre de ce fluide invisible dans les divers
corps de la nature. On convient aujourd'hui qu'un
seul fluide impondérable suffit à l'explication de tous
les phénomènes de la chaleur, de la lumière, de
l'électricité et du magnétisme ; et tous les jours de
nouvelles découvertes viennent révéler aux physiciens
que les opérations les plus secrètes de la nature
sont dues à cet élément universel, principe de toutes
les actions des corps et de toutes leurs modifications, et que ce principe inconnu est au monde
matériel ce que l'âme est au monde moral. »
Cosmogonie de la révélation, 2ᵉ édition, p. 22.
1847.)

Ce principe inconnu, cet élément universel dont
parle ici M. Godefroy, cet éther créateur ou plastique qu'il n'ose pas nommer, c'est pour nous l'agent
universel biblique ou la lumière-force, dont l'effet
immédiat est la lumière sensible ou phénoménale.

Dieu dit : *Fiat lux*, et la lumière fut. Dieu n'a point dit : soit l'éther, soient les fluides calorique, électrique et magnétique ; soient les lois ou les forces attraction, gravitation, affinité, etc. Toutes ces forces ou ces lois n'ont point été énumérées, c'est-à-dire distinctement et séparément créées, parce qu'elles dérivent toutes du principe unique et universel, c'est-à-dire de la lumière, ou plutôt de la cause qui produit la lumière. Or, cette cause, nous l'avons déjà dit plusieurs fois, c'est la lumière-force ou la force luminique. Ainsi quand Dieu proféra sa première parole *fiat lux*, la lumière fut et la vie naquit. Soudain, sous l'empire de cette vivifiante parole, la matière acquit des propriétés, reçut l'organisation, l'arrangement, la combinaison, l'ordre harmonique et la vie.

Tel est le principe de l'unité, auquel il faut désormais tout ramener, si l'on veut entrer dans la voie du vrai progrès. Et l'on voit que la science y tend éminemment. Ainsi, pour conclure, elle admet généralement que les effets d'un courant électrique sont les mêmes que ceux de la chaleur, de la lumière et du magnétisme. Elle attribue la puissance magnétique du globe à des courants électriques, et les filons métalliques de sa croûte solide à leur action. La science prouve que tous les corps sont susceptibles d'actions et de réations électriques (Arago, *Théorie du magnétisme en mouvement*), et elle avoue : « qu'il est bien probable que le fluide magnétique

n'est qu'une manière d'être du fluide électrique. »
(Kœppelin, *op. cit.*)

Il est donc nécessaire d'admettre l'identité de
tous les fluides impondérables de la science, (nous
l'avons suffisamment prouvé dans le premier chapitre),
et de distinguer, dans l'agent unique et universel, ou
la force luminique, son action incessante sur tous
les astres comme sur chaque molécule, par ses deux
propriétés adverses positive et négative. Ce qui,
pour parler sans détour, revient à dire que Dieu est
partout, qu'il agit partout, et que cet univers qu'il
a créé et vivifié, il le conserve et le prépare pour
l'accomplissement de ses desseins éternels : desseins
auxquels les savants de Paris comme les lettrés de
Pékin ne peuvent apporter le moindre obstacle, et
auxquels, bon gré, mal gré, ils servent de moyens
comme tout le reste de la création.

§ V.

REMARQUE SUR LA PILE VOLTAÏQUE. (1)

Nous ne devons pas décrire ici cette machine.

---

(1) Tout le monde connaît les curieuses expériences de Galvani
sur l'irritablité musculaire. De là naquit une branche de la physique connue sous le nom de *Galvanisme*. Aujourd'hui elle est
connue sous le nom d'*électricité dynamique*, parce que depuis
Volta, on a reconnu que les phénomènes galvaniques n'étaient
autre chose que l'électricité des corps animaux, et que cette
électricité animale n'avait rien de particulier.

Sa force et sa construction sont parfaitement exposées dans les livres de physique. Il nous [suffit de dire qu'elle est composée de substances hétérogènes qui, réagissant les unes sur les autres, favorisent l'action de la force luminique, suivant la disposition qu'on leur donne. Tout le secret de la pile est dans l'activité des réactions chimiques. La force luminique se polarise aussitôt et se porte en action [positive vers une extrémité, et en action négative vers l'autre, ce qui constitue les deux pôles de la pile. On n'a dès lors qu'a faire converger les deux courants au moyen de conducteurs, formés ordinairement de deux fils métalliques, pour réunir les deux actions positive et négative de la force universelle, et donner lieu par leur jonction aux plus singuliers et aux plus étonnants phénomènes.

Chacun de ces deux courants charrie les molécules élémentaires des corps décomposés, suivant leur affinité ou leur capacité luminique relatives, c'est-à-dire, suivant leur état positif ou négatif ; et elles sont déposées par les courants dans l'air ou sur les objets qui leur sont exposés. Mais, si l'on fait converger les courants sur un seul point, il y aura sur ce point

---

Ce n'était là que le prélude des découvertes de ce savant physicien : il connut bientot que le contact des surfaces de corps hétérogènes donne lieu à des phénomènes électriques qu'il fit découler d'une force *électro-motrice* ; c'est ce qui lui fit inventer une machine pour réunir tous les petits courants électriques développés par les surfaces des corps hétérogènes mis en contact. Cette machine, c'est la pile qui a gardé son nom : *pile Voltaïque.*

réunion des deux actions adverses de la force-luminique et par conséquent formation d'un corps ou
combinaison des molécules emportées par chaque
courant. Ainsi, que le corps soumis à l'action
décomposante de la pile soit l'eau, son hydrogène sera emporté vers le pôle négatif, et son
oxigène vers le pôle positif ; et, au point de contact,
ces deux éléments formeront de nouveau de
l'eau.

On comprend déjà, par tout ce que nous avons
dit sur l'identité des fluides impondérables et sur
la nature de l'action luminique, que c'est au point de
contact des deux courants de la pile que doit se développer la plus grande chaleur comme la plus vive
lumière connue.

Nous ne nous arrêterons pas à étonner nos
lecteurs par le récit des merveilleux résultats que
l'on peut obtenir à l'aide de la pile voltaïque ; mais
nous ferons observer que la puissance décomposante
de cet instrument n'est comparable à rien sur la
terre : aucun corps n'est réfractaire à son action ;
d'où il suit que tous ceux qu'il ne décompose pas,
doivent être réputés absolument simples et indécom-
posables, en faisant toutefois la réserve des modifications qu'on peut apporter à la construction de
la pile dont on ne peut rien présumer encore.

Tout ce que nous venons d'exposer facilitera
l'intelligence de ce qui nous reste à dire sur la

lumière cosmique ou sidérale dont nous parlerons bientôt.

Il y a à peine quelques années que l'action de la force luminique, sous divers noms, a été appliquée aux arts, et déjà on en a obtenu des résultats prodigieux, inouïs. La *photographie* ou *Daguerréotypie* demandait d'abord 15 minutes à l'artiste pour produire un miracle de l'art, un portrait par la simple action des rayons lumineux sur une plaque métallique préparée ; aujourd'hui, grâce au perfectionnement des objectifs et des réactifs, on surprend un portrait en quelques secondes ; et l'on conçoit la possibilité d'une pareille représentation sur du papier.

Le désir d'ôter à l'art du doreur sur métaux toute son insalubrité, en rejetant l'intervention du mercure, a fait inventer la *Galvanoplastie*, qui a été un des résultats les plus remarquables des recherches de M. de la Rive sur la dorure par le *galvanisme*, c'est-à-dire, par l'action de la pile. Déjà, rendre le fer inoxidable, dorer ou colorer les métaux, faire des moules, des fac-simile les plus délicats, par les courants luminiques dont on dirige les molécules élémentaires comme l'on veut, ne sont plus choses nouvelles, et l'on progresse sans cesse dans cette voie.

Le moment va venir où l'on pourra appliquer le télégraphe électrique sur une grande échelle ; par ce moyen, un simple commis, assis devant son bureau, n'aura qu'à regarder le cadran où les aiguilles électriques viennent ressortir, pour recevoir, en un clin d'œil, la nouvelle qu'on lui transmet d'un bout de la France à l'autre ; et, pour rendre sa réponse, il n'aura qu'à porter les doits sur les touches de l'alphabet électrique, pour être obéi à l'instant même.

L'action des barreaux aimantés, agissant sur des roues à palettes, a pu faire remonter une petite embarcation pendant plusieurs heures contre le courant d'un fleuve. La vapeur ne paraît plus assez active à quelques savants industriels : on a recours à l'air atmosphérique comprimé, à la vapeur des éthers etc. Peut-être même un jour on exploitera la force d'expansion de l'acide carbonique solidifié pour effacer toutes les distances.

La pile voltaïque, cet instrument merveilleux auquel M. Becquerel a apporté de si heureuses modifications, est devenu entre ses mains un moyen tout puissant pour réduire les minerais précieux ; véritable *pierre philosophale*, il transporte les molécules du métal, dans leur plus grand état de pureté, à l'un de ses pôles, et tout annonce qu'au moyen de piles assez considérables et assez puissantes, les trésors cachés au sein de la terre viendront couler par les pôles de l'instrument dans le vase destiné à les recevoir. On s'étonne ; mais nous pouvons aller plus loin et nous étonner à notre tour qu'on n'ait pas encore pensé à appliquer à l'extraction des minérais précieux par la pile, le forage ou le sondage des couches terrestres.....

Sans doute que si l'on est arrivé à des résultats qu'on peut appeler merveilleux, inouïs, sans connaître assez l'agent qu'on a employé, on peut sans crainte de se tromper, en prédire de plus étonnants encore ; car qui pourra poser des limites à la puissance de la pile voltaïque ? Quand on considère ce don admirable, mais terrible, que Dieu a fait à notre siècle, on ne peut ne pas être effrayé. Qui sait si cet agent, plus ou moins modifié dans sa composition et construit sur de grandes proportions ne bouleversera pas un jour tous les travaux humains, même les plus gigantesques ? Enfin, qui sait si, à l'aide de ce foudroyant instrument, on ne parviendra pas à rompre, à briser et presque jusqu'à faire exhaler en fumée les montagnes et les roches les plus dures ? *Tangit montes et fumigant.* (Ps. 103.)

CHAPITRE III.

ORGANISATION DE LA MATIÈRE.

A vrai dire, nous concevons beaucoup mieux l'éternité et l'infini que le temps et la matière. En vain Newton dira : « Dieu en créant la matière l'a composée d'atomes divers, ou de diverses espèces de molécules élémentaires, dont les dimensions, les figures et les différentes qualités sont assorties aux fins qu'il se proposait » (*Opt. luc.* III-31) ; on demandera ce que sont ces molécules ; le microscope lui-même restera sans réponse. Son grossissement, poussé jusqu'à 1800 fois, ne laissera apercevoir ni une, ni deux, ni dix molécules, mais un mélange ou une combinaison de molécules ou un corps ; et l'infusoire qu'il montrera, bien que plusieurs milliers de fois plus petit que la plus petite fourmi, sera déjà un être composé d'organes fonctionnant et composés eux-mêmes de tissus divers. Les atomes simples, élémentaires, sont si infiniment petits, qu'ils sont pour ainsi dire sans pesanteur ; et cependant ils composent par leur réunion tout ce qui se voit et se palpe dans le cercle immense de l'existence des êtres. (1)

En vain, pour connaître quelles en sont les qualités, s'adressera-t-on à la chimie. Elle répondra par les mots d'affinité, de cohésion etc. , et l'on connaîtra des modes et des effets ; mais l'essence des choses échappera toujours. Dieu s'est réservé le dernier mot de tout ; et il faut le dire, il est bon, il est glorieux à l'homme d'ignorer ces choses, et de faire à Dieu l'hommage de son ignorance.

---

(1) Les Chinois désignent poétiquement la vie, par cette belle expression : le *cercle de l'existence*. Tous les peuples s'en servent. Tout ce qui est créé se meut en effet dans la sphère immense de l'univers, par un continuel travail de vie et de mort qui entretient l'harmonie universelle.

Est-ce à dire pour cela que la science est tout-à-fait stérile ? non, car il lui a été donné de faire de grandes choses ; elle doit seulement savoir qu'elle ne peut pas tout savoir, et se contenter de ce que Dieu veut bien lui livrer.

Tout ce qui est nécessaire et utile à l'homme, il le trouvera, ou du moins il peut le trouver ; c'est dans l'ordre de la Providence. Et ce qui lui est utile, c'est précisément ce qu'il peut connaître, c'est-à-dire les propriétés de la matière. Il y a plus, ces propriétés ont une cause dont la connaissance doit puissamment influer sur leur appréciation, et cette cause ne peut être que Dieu. Donc, plus la science sera théologique, plus elle se rapprochera de Dieu, et plus aussi elle pourra savoir et faire. C'est une vérité qu'on a beaucoup trop oubliée.

Le premier pas à faire dans cette voie, c'est d'adopter le grand principe de l'unité biblique. « L'univers, dit M. Godefroy, est l'expression d'une pensée unique : *Creavit omnia simul* (Eccli. XVIII — 1) ; mais, dans cet univers créé d'un seul jet, toutes les choses ont été ordonnées successivement par la parole de Dieu. *Sed omnia in mensura, et numero et pondere disposuisti.* (Sap. VI-21.) » (*Cosmog. de la révélat.*, p. 61.) Malheureusement, M. Godefroy abandonne dès le commencement cette unité qu'il reconnaît néanmoins pour un guide assuré. Nous avons signalé sa première erreur sur le *principe calorifique* ; nous allons bientôt en noter d'autres.

Quand donc le Tout-Puissant voulut organiser la matière, il ordonna à la lumière de jaillir du sein des ténèbres : *Dixit de tenebris lumen splendescere.* (2. Cor. IV. 6.) Voilà l'effet de cette volonté suprême que nous avons vue comme appliquée au chaos pour l'organiser ; voilà l'effet de la loi unique qui régit l'univers, ou plutôt de l'action de Dieu sur l'univers. Aussitôt, chaque atome est doué de la vie minérale, (1) c'est-à-dire d'attraction et de répulsion, l'un plus, l'autre moins, chacun suivant sa capacité pour la force vitale universelle. Cette répartition inégale de propriété et cette variété de capacité luminique étaient indispensables à la coordination de la matière, à l'harmonie de l'univers ; et, si nous ne les comprenons pas, nous en concevons très-bien la nécessité.

Ici, le plus vaste champ s'ouvre à l'imagina-

---

(1) Les réactions chimiques, les modifications et les combinaisons qu'éprouvent les substances minérales, prouvent l'existence d'une vie *terrienne*, comme disait un académicien au commencement de ce siècle. Cette vie est bornée à la matière brute dont les modifications sont caractérisées par la ligne droite, tant dans l'organisation cristalline et amorphe, que dans la direction des courants *biogéiques* qui y président. Et si cette vie minérale, cosmique, nous paraît absurde, c'est que nous n'assistons que rarement aux mystérieuses révolutions des abîmes, c'est qu'elle a plus de temps et plus d'espace pour se développer, que la vie animale.

tion. Bien des écrivains l'ont satisfaite ; aussi leur cosmogonie n'offre-t-elle rien de positif, et le système de Laplace, pur ou avec la modification inutile de M. Godefroy, quelque remarquable qu'il soit, ne peut cependant suffire aux exigences de la science. Justifions notre assertion.

Nous ne pouvons admettre ce mouvement rotatoire de l'abîme, cette formation successive de zônes superficielles, se séparant les unes après les autres du centre commun, et se constituant en astres, en planètes, dont les masses vaporeuses abandonnaient à leur tour d'autres zônes qui devenaient leurs satellites. En effet, d'après cette hypothèse, il est nécessaire que le soleil ou le centre de notre système se soit formé avant les planètes et avant la terre, ce qui est insoutenable et contraire à la Bible. D'ailleurs, comme la matière qui occupait la surface n'aurait été successivement abandonnée sur les limites de la masse universelle qu'à cause de sa légèreté plus grande que celle de la matière centrale, il s'ensuivrait que les planètes les plus éloignées du soleil seraient les moins pesantes, que la terre le serait moins que Vénus et Mercure, et que le soleil, le centre de tout le système, devrait en être le corps le plus dense, ce qui est contredit par l'observation. (Voyez : *Exposit. du syst. du monde.* Laplace, 5ᵉ *édit.*, p. 393 *et seq.*)

Pour nous, nous devons admettre qu'au moment où chaque atome fut doué de la vie minérale, tous s'agitèrent pour se combiner d'après la loi de la polarité, à laquelle se rattachent évidemment la cristallisation et toute espèce de formation des corps. Cette agitation des molécules élémentaires et leurs combinaisons produisirent une immense lumière, bornée autour de la terré, comme nous l'exposerons bientôt. La masse céleste encore informe ne fut entièrement organisée que le quatrième jour, et, ce jour là seulement, commença l'alternance de la lumière et des ténèbres, dépendante du mouvement de rotation de la terre. Dès lors, il n'y eut plus de ténèbres absolues ; celles de la nuit ne sont que relatives ; elles ne sont que l'ombre de la terre.

Il est facile de se faire une idée de ce travail universel de la matière primodiale, en se représentant le mouvement gyratoire des atomes sur leurs pôles, pour se combiner d'après les lois de leurs affinités ; il est également facile de concevoir la formation de chaque astre, par l'agglomération des premières molécules en autant de noyaux distincs, auxquels les autres venaient s'ajouter en vertu de la force attractive primordiale.

La simplicité de ce système cosmogénésique, si conforme aux notions les plus positives de la science, sera mieux appréciée dans les paragraphes suivants.

§ I.

FIRMAMENT.

La lumière avait jailli des premières combinaisons moléculaires ; elle vibrait dans le centre du chaos où se fit la première agglomération ; et cette terre, en apparence si petite, est si bien le cœur de l'univers et le but de l'œuvre du Tout-Puissant, qu'elle balance toute la création par son importance dans le moment solennel où Dieu préparait les cieux : *Quando præparabat cœlos.* (Prov. VIII-27.)

Dieu dit aussi : Que le firmament soit fait au milieu des eaux, et qu'il sépare les eaux des eaux. *Dixit quoque Deus : Fiat firmamentum in medio aquarum, et dividat aquas ab aquis.* (Gen. 1-6.)

A mesure que la matière se condensait sur le noyau central qui devait bientôt être appelé terre, celle de l'espace se raréfiait, elle y devenait ténue au plus haut degré, et l'attraction entre la masse centrale ou terrestre et la masse circonférente ou sidérale, devenait incessamment plus active par l'agglomération de la matière et, par conséquent aussi, par l'accumulation des attractions moléculaires.

M. Godefroy a beau entasser phrases sur phrases, citations sur citations, il ne fera jamais que le *firmamentum* soit l'attraction créée le second jour, et indépendante de la lumière du premier jour ; et nous ne voyons pas sur quoi il se fonde pour critiquer MM. Marcel de Serres et Chaubard qui prennent le *firmamentum*, l'un pour *l'espace*, l'autre pour *l'étendue*, purement et simplement. Si nous en étions réduit à choisir entre ces trois opinions, nous adopterions, sans balancer, celle du savant professeur de Montpellier, (*De la Cosmog. de Moïse*, 2ᵉ *édit.*, t. I, p. 45 *et seq.*). Mais l'unité de l'agent biblique nous place au-dessus de toutes les difficultés.

Et fecit Deus firmamentum, divisitque aquas quæ erant sub firmamento, ab his quæ erant super firmamentum. Et factum est ita. Et Dieu fit le firmament, et il divisa les eaux qui étaient sous le firmament, de celles qui étaient au-dessus. Et il fut fait ainsi.

Ce qui a fait errer tous ceux qui ont pris l'atmosphère pour le firmament, c'est qu'ils ont traduit *aquas* par les eaux ordinaires. Les eaux supérieures étaient donc tout simplement les nuages, et les eaux inférieures les mers ; ou bien, les eaux supérieures étaient réléguées à la *voûte du ciel*, et les eaux inférieures étaient les mers et les nuages de notre planète. Le savant Nicolaï lui-même s'est borné là ; aussi n'a-t-il pu arriver à coordonner un système de physique, et c'est la stérilité dont ont été frappés tous les écrivains qui ont borné la signification du mot *aquas* à son acception vulgaire, depuis Burnet jusqu'à M. l'abbé Glaire. (Voyez Nicolaï, *op. cit.*, tom. 2, lez. 6, p. 34 *et seq.*)

Il est naturel de penser, dit M. l'abbé Rhorbacher, que ce que le texte latin, d'après le grec, appelle firmament, mais que le texte original ou l'hébreu nomme avec plus de justesse l'étendue, n'est autre chose que l'atmosphère terrestre avec ses trois régions.

Saint Thomas, qui n'admettait, comme on l'a vu, la formation des eaux qu'au troisième jour, y met beaucoup plus de science en parlant du firmament. Après avoir exposé divers systèmes sur lesquels ils ne prononce pas, il dit : « Soit donc que par le firmament nous entendions le ciel sidéral, soit que nous entendions l'atmosphère, toujours est-il vrai de dire que le firmament divise les eaux des eaux, en tant que par *eau* on entend la matière informe ». (1)

Qui ne voit, en effet, que le mot *aquas* est pris encore ici pour l'universalité de la matière élémentaire non encore réduite en globes, pour les eaux génératrices des astres, et de la terre ? Et, s'il n'en était pas ainsi, il serait inconcevable que

____

(1) Sic igitur sive nos per firmamentum intelligamus cœlum in quo sunt sidera, sive spatium aeris nubilosum, convenienter dicitur, quod firmamentum dividat aquas ab aquis, secundùm quod per aquam materia informis significatur. (*Sum. theol.*, 1ª pars, *quœst.* 68.)

6

Moïse n'eût pas parlé, en cet endroit, de ce qu'il eût été si important de désigner nommément, c'est-à-dire la terre ; mais cette terre n'existait pas encore. Il n'appellera chaque objet de son nom qu'à mesure qu'il sortira du chaos.

Remontons donc à cet instant où Dieu posait les fondements de la terre : *quando appendebat fundamenta terræ* (Prov. VIII - 29), et qu'il raffermissait son globe dans l'espace : *œthera firmabat sursùm* (ibid. 28). A cet instant, nous retrouvons encore, pour le firmament, un état originel d'imperfection et d'inachèvement par lequel tout a passé avant de venir à la perfection de l'être. Admirable progression à laquelle la sagesse éternelle a soumis tous ses ouvrages et à laquelle rien ne déroge encore aujourd'hui. Nous voyons donc le firmament commencer par un point limité de l'espace, par l'entre-deux de l'abîme : *in medio aquarum*, et non par le *point central*, comme le veut M. Godefroy (*op. cit.*, *2ᵉ jour*, p. 57 *et seq.*), entre-deux qui sépare les *eaux* de l'abîme : *et dividat aquas ab aquis*, et qui résulte de l'agglomération cosmique au centre : *sub firmamento*, pendant que la matière gazeuse, qui doit former les astres, l'enveloppe de toutes parts dans la région supérieure : *super firmamentum*.

La terre, formée aux dépens de la matière diffuse dans l'espace se lie, par cet espace même, aux masses célestes au moyen du rayonnement mutuel des actions et des réactions de la force luminique. Alors commença l'attraction astronomique, parce qu'alors Dieu commença à diviser l'abîme ; à en soumettre les diverses parties à un mouvement gyratoire, à une orbite, à la fixité de la loi universelle : *quando certâ lege, et gyro vallabat abyssos.* (Prov. VIII-27.) Alors encore fut constitué le firmament, selon ce que Dieu avait ordonné : *fiat firmamentum.* Alors enfin la terre fut suspendue et fixée dans l'espace assimilé au néant : *appendit terram super nihilum* (Job. XXVI-7), et pourtant raffermie comme l'airain : *quasi œre.* (Job. XXXVII-18.)

Ici, on pourrait demander quand a commencé, pour la terre, le mouvement gyratoire ou de rotation ? En parlant de l'œuvre du quatrième jour, nous répondrons à cette question et à une autre qu'on pourrait faire au sujet de son mouvement de translation autour du soleil. Quant au mouvement général apparent du ciel d'orient en occident, on peut dire qu'il commença dès que la lumière apparut. Et, depuis ce lever solennel des choses crées, tout est poussé vers le couchant, comme pour avertir l'homme que la terre n'est qu'un vaisseaux qui le porte à l'éternité.

Ainsi, le firmament s'est formé autour de la terre dès le deuxième jour, et il ne sera achevé par tout l'univers qu'au quatrième jour. Alors la matière céleste, toute réduite en globes, formera les astres dans le firmament du ciel qui, d'après le récit de Moïse, comprend même l'orbite lunaire. Nous en parlerons en son lieu pour achever d'exposer la nouvelle théorie du firmament, théorie si conforme aux données de la Bible, et, il faut bien le dire, si éminemment capable de donner la raison de tous les faits physiques et astronomiques. Nous verrons comment le firmament, que Dieu a étendu dans l'espace : *extendens cœlum sicut pellem* (Ps. 103), est la juste mesure des distances exigées par le volume des masses sidérales, pour le jeu parfait de leurs actions et de leurs réactions attractives et répulsives ; car, par le fait de l'agglomération des astres, l'extrême raréfaction de la matière et son immense expansion ont fait de l'espace le milieu propagateur et le conducteur le plus sensible de tous les courants luminiques. Telle est, à notre point de vue, l'idée la plus biblique et la plus scientifique qu'on puisse se former du firmament. En un mot, le firmament est le lien fixateur de tous les astres, le ciment éthéré de l'univers. Ce qui revient à cette parole consignée dans le livre de Job, où les cieux sont représentés avec la solidité de l'airain : *qui solidissimi quasi œre fusi sunt.* (Job. XXXVII-18.)

§ II.

GLOBE TERRESTRE.

Est-il possible de décrire comment la matière élémentaire pulvérulente, par son dépot successif, composa le globe que nous habitons ? *Quando fundebatur pulvis in terra, et glebœ compingebantur.* (Job. XXXVIII-37.)

Essayons d'en dire quelque chose, avec le secours de la Bible et de la science.

Chaque atome de cette poussière ne jouit pas de la même pesanteur spécifique. Les atomes les plus denses se sont donc déposés les premiers, et les moins denses les derniers, si toutefois on peut parler ainsi à propos d'atomes binaires ou ternaires.

Mais quelles sont les substances les plus denses ? a-t-on pénétré dans le centre de la terre pour les étudier ? Non sans doute ; mais les roches d'épanchement, les laves, qui de l'interieur ont pénétré toutes les couches et recouvert les diverses strates de sédiments diluviens, nous en disent assez. De plus, la matière obéissant partout à l'impulsion de la force luminique, et étant partout modifiée par cette puissance, nous devons retrouver à la surface le *specimen* des substances qui forment le noyau central, parce que les courants de la force luminique entraînent incessamment des molécules élémentaires du centre à la circonférence. C'est ce que nous montrerons en parlant des météores (aurore boréale, etc...), des filons métalliques, etc....

En attendant que ces sujets soient ramenés par l'ordre que nous avons dû suivre, nous avons à constater les données minéralogiques les plus certaines sur la composition de la portion connue de notre planète. Or, toutes les couches terrestres contiennent de la silice (oxide de silicium), le plus grand nombre en est presque entièrement composé et quelques-unes ne contiennent qu'elle seule. La silice est la base des roches primitives, des sables, des argiles, des roches d'épanchement, des laves, et par conséquent de la partie fluide du globe, de la partie centrale.

Quand toutes les substances minérales sèches ou pulvérulentes se furent déposées : *Quando fundebatur pulvis in terra*, l'eau vint se mêler à leurs dernières couches et former avec elles des hydrates, *et glebæ compingebantur*, qui se solidifiaient en se cristallisant. On comprend que les premiers dépôts de cette poussière cosmique, s'étant formés hors du contact de l'eau, n'ont pas dû se solidifier, puisque l'eau est nécessaire à la solidification des silicates, comme on le voit dans les ciments hydrauliques, dont la base est la silice. Mais, du moment que l'eau formée de son côté par ses éléments (oxigène et hydrogène), commença à se déposer aussi, les silicates se solidifièrent *(compingebantur)* en se précipitant dans le sein du liquide, et donnèrent naissance à l'écorce solide de la terre. (1)

Tel est le mode de formation des terrains primitifs ; et l'examen de leurs strates le démontre parfaitement. De toutes les observations que nous pourrions apporter à l'appui, nous nous contenterons de celle de M. Scherrer, professeur de chimie, mais elle est positive et appelée à donner le coup de grâce au plutonisme. Ce savant allemand vient de publier un mémoire dont nous résumons ainsi l'argument qu'il contient contre les doctrines de l'origine ignée de la terre :

Dans la supposition que les granits seraient formés par le refroidissement, leurs trois principaux

---

(1) Breislack s'est donné la peine de calculer le poids de la mer. Le voici :

48,669,055,625,981,992 kilogrammes ;

et celui de la terre :

4,979,681,951,530,944,374,318,008 kilogrammes.

Il a trouvé que la masse entière du globe n'a pas pu se déposer par l'intermédiaire de l'eau, parce qu'en admettant seulement qu'un kilogramme d'eau eût dissous un demi-kilogramme de matière solide, il aurait fallu :

9,959,313,902,661,888,748,036,016 kilogrammes d'eau.

Les auteurs qui prennent la terre pour une masse limoneuse dont l'eau se serait séparée au troisième jour, peuvent faire leur profit de cette observation de Breislack.

éléments constitutifs devraient s'être déposés dans
l'ordre suivant : le quartz le premier, le mica le
second, et en dernier lieu le feldspath ; car le degré
de chaleur nécessaire pour la fusion et la volatilisa-
tion de celui-ci est, sans aucune comparaison,
moindre que celui que demande le quartz. Eh bien !
c'est tout le contraire : la texture du granit prouve
que le feldspath s'est déposé le premier, le mica
ensuite et le quartz est venu par-dessus remplir les
interstices laissés par ces deux substances. C'est
d'ailleurs encore l'ordre dans lequel se sont déposées
les diverses couches primitives composées de ces
trois éléments.

Les eaux, qui s'étaient précipitées après les autres
matières plus pesantes, entraînèrent avec elles le
reste des molécules minérales répandues dans la
sphère d'attraction de la terre : telles étaient les
molécules de silice, d'alumine, de potassium, de
calcium, de mica, un peu d'oxide de fer, etc....
Une fois mêlées à l'eau qui recouvrait dès lors la
surface entière du globe, ces substances se sont
donc solidifiées en se précipitant. Tel est le système
des terrains primitifs : roches granitiques, toutes
siliceuses, que leur densité et leur dureté on fait
appeler l'ossature du globe.

Leur composition varie par le plus ou moins de
substances étrangères combinées à la silice, et par
leur texture. Les silicates les plus lourds occupent
la partie inférieure de la formation. Là le *granit*

n'est plus stratifié, mais il se confond avec la matière pâteuse du centre. Après et au-dessus de lui, vient une roche granitique et micacée, plus légère et appelée *gneiss*, puis le *mica* ou *micaschiste*, enfin l'*argile* ou *schiste argileux*, qui occupe la surface ; on rencontre quelquefois un *calcaire* primitif ou *saccharroïde* et du *quartzite* ou sable cristallin refondu et solidifié.

§ III.

CONSTITUTION DU GLOBE.

On vient de lire la réfutation la plus simple et la plus positive du système plutonien. Car c'est aujourd'hui une chose bien démontrée en géologie, que la formation par voie humide, des roches primitives, leur cristallisation dans l'eau et leur état d'hydrate. Nous apprécierons plus loin les principales raisons que les plutoniens tirent de la géologie, pour appuyer leur hypothèse de l'incandescence originelle du globe. Nous devons ici nous resserrer dans le cadre de la cosmogonie.

La fusion ignée des matériaux terrestres est une opinion nécessaire pour les auteurs qui, ne partant pas du chaos génésiaque, admettent l'état gazeux de la matière primitive, c'est-à-dire la vaporisation de cette matière par la chaleur.

M. Godefroy lui-même ne peut échapper à cette nécessité assez fâcheuse pour un écrivain qui paraît si catholique et si biblique : « Au premier instant de la création, dit-il, la matière du ciel et de la terre était tout entière sous l'influence du calorique ». (*Cosmog.*, p. 35.) Aussi, quand il lui faut subir la conséquence de sa théorie, il hésite, il se voit en face des Buffon, des Bailly. Admettra-t-il que la terre est un *soleil encroûté*? Non, car cela répugne à sa science et à sa raison. Que faire d'un excès de chaleur qui surpace l'imagination et tous les caluls ? Que faire d'un globe bouillant pendant des milliers d'années, et surtout des impossibilités physiques de cette hypothèse? (1) Mais, ne pouvant vaincre les obstacles que lui oppose le défaut d'unité de son système, il se bornera à exprimer ainsi son em-

____

(1) Ces impossibilités physiques sont multiples. D'abord il est évident que tout corps en ignition commence à se refroidir par sa surface. La surface de la terre n'aurait donc jamais pu se solidifier tant qu'un noyau liquide eût subsisté, parce que ce noyau contenant un excès de chaleur, la surface eût été continuellement crévassée par la force expansive de l'intérieur. De cette manière, la masse liquide aurait débordé la surface, qui n'aurait commencé à se solidifier qu'après que la masse intérieure l'eût été elle-même. Or, c'est tout le contraire qui a eu lieu ; et de tous les points du globe sortent encore des torrents de matière liquide qui attestent une autre origine que le feu. (Voyez ce que nous disons des laves.) Les autres impossibilités sont la texture cristalline des roches primitives, l'ordre de succession de leurs couches selon les lois de la pesanteur et non de la fusion etc.

barras : « Peut-être est-ce dans la réunion de ces deux systèmes (plutonien et neptúnien), entre lesquels les savants se sont partagés, que réside le secret de tant de difficultés ». (*Ibid.*, p. 214.) Et ces difficultés, il les exposera franchement, sans cacher les inconséquences et les erreurs des partisans de l'incandescence.

Pour nous, les eaux chaotiques, c'est-à-dire la matière universelle et ténébreuse, reçut ses propriétés de l'agent universel. En même temps, les combinaisons moléculaires se firent, et la chaleur produite se constitua en magnétisme, en électricité, en lumière diffuse, puisque la chaleur n'est qu'un degré de l'effet de la lumière-force qui, dans le principe, donna l'organisation à la matière. Mais la matière, avant son organisation, étant dépourvue des propriétés du monde actuel, il s'ensuit qu'il ne put pas y avoir de combustion. C'est donc une nécessité pour nous de rejeter la prétendue incandescence initiale ; nous la réservons pour la fin de l'univers. C'est par là que nous terminerons tout cet ouvrage.

Ici on pourrait nous demander d'où provient la chaleur centrale. Il est en effet bien démontré qu'à quelques mètres au-dessous du sol, la température du globe cesse d'être soumise aux variations thermométriques de l'atmosphère, et qu'elle y donne invariablement la moyenne de la localité, comme on peut s'en convaincre dans les souterrains et même dans les caves ordinaires. Mais à partir de ce point, cette température augmente dans la proportion d'environ un degré par 32 mètres en profondeur. D'où il résulte que « vers trois kilomètres (3/4 de lieue) au-dessous du point de température stationnaire, on doit retrouver déjà, selon M. Beudant, cent degrés, c'est-à-dire la température de l'eau bouillante » (*Géolog.*, p. 4), ou du moins, que « la chaleur rouge existe dans la terre à une profondeur qui sera au plus de 16,500 mètres, ou environ 4 lieues ». C'est là une opinion modérée et assez généralement admise, que M. Kœppelin a consignée récemment dans son *Cours de physique* (p. 279); mais sans rien dire de l'effet de la pression ni des actions chimiques, quoiqu'il admette la *fluidité centrale* : et cependant c'est là la source de tous les grands phénomènes électriques et magnétiques. Nous ne connaissons aucune bonne raison qui puisse dispenser la physique d'avoir égard, dans toutes ses évaluations sur les sources de ses divers fluides impondérables, à l'état chimique de la matière centrale, aux réactions incessantes et à l'immense pression exercée sur la matière centrale.

M. Poisson fait dans sa *Théorie mathématique de la chaleur*, des frais immenses de calcul pour renverser l'hypothèse plutonienne. Mais comment suppléera-t-il à l'incandescence originelle en conservant néanmoins le système géologique de l'école ?

Ayant accepté sur parole la vieille hypothèse mitigée, la température de la terre, selon lui, a dû être assez élevée dans le nord et jusque sous les pôles, pour permettre aux végétaux et aux animaux de la zône torride d'y croître et de s'y multiplier. Pour trouver cette chaleur extraordinaire de la terre, le savant adversaire des plutoniens a fait voyager la terre à travers un milieu tellement chaud qu'elle y a puisé son calorique propre ; et sa provision ne sera pas épuisée dans des millions d'années d'ici. Le moindre défaut de cette hypothèse, c'est de ne reposer sur aucune base.

D'où provient donc la chaleur centrale, la chaleur propre du globe ? Elle provient des réactions chimiques et de l'incompréhensible pression auxquelles sont soumises les matières terrestres à une certaine profondeur. Ce sont là des causes toujours en action ; aussi la terre ne se refroidit ni ne s'échauffe, comme l'a prouvé l'illustre auteur du *Système du monde* dans ses observations sur la lune. Il a fait voir que, puisque les corps diminuent de volume par le refroidissement, l'orbite de la terre aurait également diminué, si elle s'était refroidie : ce qui n'est pas, puisque l'arc qu'elle parcourt en un jour est le même depuis deux mille ans, et qu'il ne s'est pas raccourci d'un millième de seconde.

On ne doit pas perdre de vue que le globe est

formé par l'agglomération de la poussière cosmique, et que l'accumulation successive des molécules y a produit peu a peu l'immense pression
du centre qui d'ailleurs n'était point solidifié : les
expériences de Hall et les observations de M. de Drée
(*Jour. min. tom. 34.*) viendraient corroborer au besoin
notre opinion, si elle ne se déduisait pas naturellement
de tout ce qui précède.

Mais, cette pression augmentant de la ciconfé-
rence au centre, la densité des matières y augmente aussi. C'est précisément ce que les observations astronomiques de Clairault et de Laplace
ont parfaitement démontré. Ce dernier prouve
la plus grande densité du centre par la précession
des équinoxes et la nutation de l'axe terrestre.
On estime communément que sa moyenne est le
double de la densité de sa surface, laquelle étant
1, celle du centre est 5. Or, les couches inférieures, soumises à la pression de la croûte solide, doivent, par l'effet de cette pression, arriver
à un degré de densité extrême. A cette cause vient
s'ajouter la chaleur qui en est le produit nécessaire,
et dès lors on conçoit fort bien l'état pâteux,
très-dense du granit, c'est-à-dire de la matière centrale.

Nous ferons observer ici que l'on a exagéré l'é-
paisseur de la croûte solide, en la portant à 20 ou
25 lieues. On conviendra sans peine qu'il n'en faut
pas tant pour liquéfier les roches inférieures ; la

pression à 20 milles mètres, ou à 5 lieues, semble plus que suffisante pour détruire la cohésion de leurs molécules et pour développer une chaleur suffisante pour aider à leur liquéfaction. D'ailleurs, les faits parfaitement constatés de roches de sédiment ou de roches diluviennes ramollies, à des profondeurs de 3 mille mètres, et solidifiées après leur soulèvement, tous les faits volcaniques, et l'épanchement à la surface des roches siliceuses, et même calcaires, ne permettent pas d'assigner une très-grande profondeur à la croûte solide. Deux raisons ont engagé les géologues à en exagérer l'épaisseur, malgré ces faits et les faits des tremblements de terre, ou des affaissements et des soulèvements tout à fait locaux et bornés à une montagne, à une plaine, etc... La première de ces raisons, c'est l'ignorance de la véritable cause de la fluidité pâteuse du centre ; la seconde, c'est la crainte de ne pas donner à la surface terrestre assez de solidité. Mais les faits doivent s'accepter tels qu'ils sont ; et si cette surface est si voisine d'un tel abîme, il n'y a pas pour cela plus à craindre. Elle peut osciller sur cet océan de granit liquide, elle peut trembler et se crevasser, mais non être engloutie, puisqu'elle est moins dense que le liquide pâteux qui la porte.

La physique proclame hautement la pression comme une source de chaleur. Eh bien ! la chaleur centrale s'est développée avec elle. Mais la

chaleur n'est autre chose que la réaction moléculaire, elle se manifeste par des courants magnétiques et électriques, et ces courants, comme
la chaleur, ne sont eux-mêmes autre chose que
des modes de manifestation de l'agent universel,
le principe vital de la nature, la force luminique.
Eh bien ! ces courants sans cesse excités par les
réactions moléculaires du noyau fluide, constituent le globe en une pile immense, dont les
courants s'élèvent de toutes parts pour agir à
distance sur les autres corps répandus dans l'espace,
le rattachent au centre de son orbite, c'est-à-dire
au soleil, et donnent la raison de sa station harmonique
dans cet espace propagateur de ces mêmes courants.
(L'éther de l'école.)

La chaleur propre du globe est invariable,
avons-nous dit ; elle est ce qu'elle a toujours été.
On le comprend fort bien maintenant, puisqu'é-
tant le résultat de la pression et des réactions
chimiques, elle s'est développée successivement
du centre à la surface, à mesure que l'accumulation des molécules constitutives du globe s'o-
pérait : *Quando fundebatur pulvis in terra.* A
partir du point où la pression cesse d'être suffisante
pour opérer la liquéfaction de la masse intérieure,
la chaleur rayonne à la surface en diminuant peu
à peu jusqu'à quelques mètres au-dessous du sol, autre
point de température moyenne et invariable dont nous
avons parlé.

Si, par ce simple exposé, nous croyons avoir réfuté tous les systèmes émis jusqu'à ce jour pour l'explication de la chaleur centrale, c'est parce que la Bible nous a conduit par la main. Avec ce secours, on domine aisément la science humaine, et on parvient sans peine à créer une théorie qui donne la raison de tous les faits physiques, et qui, rattachant notre planète aux autres globes, donne aussi la raison des faits astronomiques et du rôle qu'elle joue dans cet univers-copie, jusqu'à ce que le souffle de Dieu le dissipe pour en faire de nouveaux cieux et une nouvelle terre : *Novos cœlos et novam terram* (2. Pet. III.-13) ; *ecce nova facio omnia.* Apoc. XXI.-5.)

Cependant, il est un système moderne qui a réuni un grand nombre de suffrages et même le suffrage des sommités du monde savant, tel que celui de M. Ampère, etc. Il faut lui adresser quelques objections particulières.

M. Davy veut que le noyau soit solide ; ce qui déjà ne peut s'accorder avec l'énorme densité du centre. (voir p. 94) Il veut ensuite que les couches perméables à l'eau, soient superposées à des couches centrales qu'il appelle oxidables, afin qu'au contact de l'eau il se produise de la chaleur et des gaz dont la force expansive donne lieu aux tremblements de terre. Voilà tout ce que la science a pu faire de mieux pour expliquer les faits géognostiques.

S'il y a une couche oxidable au-dessous des

7

couches perméables à l'eau, il faut qu'elle soit métallique, et même composée de silicium, vu que les laves sont des silicates : or, ce silicium s'est déjà combiné à l'oxigène pendant la formation du globe : ou bien il faut admettre l'incandescence originelle, et, dans tous les cas, il resterait encore à expliquer la fluidité des laves, produit de la réaction de l'eau sur la couche oxidable, ce qui est absolument impossible. D'un autre côté, M. Gay-Lussac a prouvé que les gaz volcaniques ne sont pas de l'hydrogène, comme l'exige l'hypothèse de M. Davy, mais bien des gaz chloriques et sulfuriques, et, tout le monde le sait, l'hydrogène et quelques autres gaz n'y sont qu'accidentellement.

Enfin, M. Davy n'expliquera jamais, par ces réactions chimiques entre l'eau et les métaux, tous les tremblements de terre, pas plus que M. Cordier ne les expliquera par la contraction de l'écorce solide opérée par le refroidissement. Allez expliquer, en effet, par l'action d'opérations chimiques toutes locales, une secousse semblable à celle du 18 Juin 1826, à la *Nouvelle-Grenade*, secousse qui se fit sentir sur une étendue de plusieurs millions de myriamètres carrés, ou celle de Lisbonne, qui fit osciller une partie de l'Afrique, toute l'Europe et jusqu'à la Martinique ?

La même difficulté ne se retrouve pas dans

notre manière de voir. Les oscillations de la croûte terrestre dépendent quelquefois de sa base pâteuse, c'est-à-dire du fait de la décomposition de l'eau parvenue sur la pâte granitique, et de la force expansive des gaz souterrains. C'est le cas des tremblements de terre locaux et bornés aux environs d'un cratère ; aussi les volcans sont-ils presque tous au voisinage de la mer. Mais, pour les tremblements de terre très-vastes, ou ne coïncidant point avec des éruptions volcaniques, il faut admettre une autre cause plus générale et plus puissante. Franklin a dit bien des choses vraies à ce sujet, et la foudre souterraine y joue un grand rôle ; on se représente facilement la puissance des courants luminiques qui se croisent ou convergent vers un point, et toute l'étendue de leur action.

Pour la fluidité des laves, il est bien évident qu'elle n'est pas due à la chaleur toute seule ; l'extrême lenteur de leur refroidissement suffirait seule pour le prouver. On peut donner deux grandes raisons de la chaleur et de la fluidité des laves. La première, c'est que la matière qui les constitue, peut fort bien avoir été déposée hors du contact de l'eau et avant la précipitation de ce liquide ; et dès lors elle a dû rester pulvérulente, comme nous l'avons déjà remarqué, puis acquérir par la pression et les réactions chimiques, une consistance pâteuse et un certain degré de chaleur. La seconde raison, c'est que cette matière d'une extrême densité, étant parvenue à la surface, y éprouve un travail moléculaire très-lent, pour prendre une texture cristalline en se dilatant, ce qui augmente la chaleur et la fait durer tant que dure ce travail moléculaire; aussi a-t-on observé des coulées de lave qui ont conservé, pendant dix ans, une chaleur supérieure à la température moyenne du lieu où elles avaient été projetées. Enfin, des coquilles et d'autres corps organisés qu'elles empâtent dans leurs masses en coulant, ne demeureraient pas intacts, si leur température était aussi élevée que l'exigerait la fusion des mêmes laves après leur refroidissement ou plutôt leur cristallisation. Nous n'ignorons pas qu'on en a observé qui paraissaient incandescentes, mais cet effet était dû à leur mélange avec du soufre, et d'autres corps inflammables.

Remarque sur le système cosmogonique que nous venons d'exposer.

Pour ne pas détourner le lecteur de la série de raisonnements que nous venons de faire pour donner une théorie cosmogonique qui soit d'accord avec la Bible et avec la science, et pour ne pas lui faire perdre de vue la liaison des conséquences que nous avons dû en déduire, nous avons attendu jusqu'ici pour en fournir une preuve générale et plus directe que celles qui précèdent. Elle suffirait seule pour donner la plus belle idée de la haute science renfermée dans la cosmogonie des livres sacrés ; et pour montrer aux savants que c'est en vain qu'ils construisent péniblement des systèmes sur d'autres bases que sur la Bible.

Cette preuve, c'est notre satellite qui nous la donnera ; car, formée après la terre, la lune, dans sa forme, doit porter l'empreinte de son action puissante.

La connaissance de l'égalité des mouvements moyens angulaires de révolution et de rotation de notre satellite, qui fait que la lune présente toujours le même côté à la terre, et les découvertes de Cassini sur les mouvements de ce satellite, dont l'ensemble fut appelé *libration de la lune*, excitèrent parmi les astronomes un intérêt extraordinaire. Le célèbre Lagrange vint s'emparer de l'étude de ces phénomènes, et il eut le bonheur de les expliquer. Voici ce qu'en dit M. Arago :

« La libration était encore une vaste et très-fâcheuse lacune de l'*astronomie physique*, quand Lagrange la fit dépendre d'une circonstance dans la figure de notre satellite, non observable de la terre, quand il la rattacha complètement aux principes de l'attraction universelle.

« A l'époque où la lune se solidifia, elle prit,

sous l'action de la terre, une forme moins régulière, moins simple que si aucun corps attractif étranger ne s'était trouvé à proximité. L'action de notre globe rendit elliptique un équateur qui, sans cela, aurait été circulaire. Cette action n'empêcha pas l'équateur lunaire d'être partout renflé ; mais la proéminence du diamètre équatorial dirigé vers la terre, devint quatre fois plus considérable que celle du diamètre que nous voyons perpendiculairement.

« La lune s'offrirait donc à un observateur situé dans l'espace et qui pourrait l'examiner transversalement, comme un corps allongé vers la terre, comme une sorte de pendule sans point de suspension. Quand un pendule est écarté de la verticale, l'action de la pesanteur l'y ramène ; quand le grand axe de la lune s'éloigne de sa direction habituelle, la terre le force également à y revenir. » (*Ann. du bur. des longit.* 1844, p. 295.)

Cette découverte de Lagrange, développée par l'illustre Laplace et placée par lui-même au rang des vérités parfaitement démontrées, est inconciliable avec toute autre théorie que celle qui se déduit naturellement de la Bible. En effet, pour que la lune pût prendre cette étrange forme, il fallait que la terre fût déjà formée, que la matière qui la compose fût agglomérée comme elle l'est, pour agir sur son satellite en voie de formation, et le forcer à s'allonger dans sa direction. Preuve éclatante que la terre s'est formée la première au centre de l'amas de matière universelle, et que la lune, avec tous les autres astres, ne s'est formée que le quatrième jour. Cette preuve détruit seule les divers systèmes d'incandescence originelle dont celui de Laplace n'est qu'une ingénieuse modification ; car, dans cette hypothèse, la lune, par l'exiguité de sa masse, se fût condensée et refroidie longtemps avant la terre, et sa forme n'eût pas reçu le cachet de son action puissante. C'est une preuve enfin que notre théorie, ou plutôt que la Bible est en avant de la science, et qu'elle eût pu fournir des données précieuses pour résoudre les problêmes que le génie de Lagrange et celui de Laplace n'ont résolus que par une grande puissance analytique et des efforts de calcul prodigieux. C'est un avertissement sérieux donné aux savants.

§ IV.

FORMATION DES MERS.

La terre est formée, mais elle est ensevelie sous la masse des eaux. Elle est encore enveloppée des langes de son enfance ; voyons comment elle s'en débarrasse, ou plutôt, comment elle en est débarrassée. (1)

Dixit vero Deus : Congregentur aquæ quæ sub cœlo sunt in locum unum, et appareat arida. Et factum est ita. (Gen. 1-9.) Dieu dit donc : Que les eaux qui sont sous le ciel se rassemblent en un seul lieu, et que l'aride apparaisse, Et il fut fait ainsi.

Pour que les eaux se réunissent ainsi dans un seul lieu, et que la matière solide soit émergée, il faut que leurs niveaux soient changés. La cause de ce changement est sans contredit la volonté de Dieu ; mais on peut l'entrevoir dans une oscillation de la terre dans l'espace, où déjà elle aurait pu subir l'influence des masses de matière sidérale qui commençaient à se diviser et à s'agglomérer.

Dans la description de cette œuvre du Tout-Puissant, Moïse se borne de nouveau à constater l'effet, de manière à ne réveiller dans l'homme inattentif aucune autre idée de sa cause que celle de la volonté divine ; cependant, il en dit assez pour exciter l'attention de celui qui médite les merveilles de la création. Aussi l'idée d'un sou-

---

(1) Notre globe, dit Virey, fut, dans le principe, *un grand œuf planétaire, recouvert d'eaux amniotiques, et couvé par le soleil, afin d'y faire éclore cet immense échelonnement de créatures appelées à la vie sur sa surface.* C'est une vue d'unité avortée.

lèvement et d'un affaissement simultanés n'est-elle pas nouvelle, bien que notre théorie nous y conduise naturellement. Soit donc un balancement, une oscillation de la terre sur son axe : pour peu que les couches primitives solides aient été inégalement réparties, ce qu'il est facile d'imaginer en pensant aux courants qui devaient régner dans la mer universelle primitive, il a dû s'opérer un changement dans leur niveau, et en même temps qu'un côté de la terre se renflait, l'autre s'affaissait : « *Tertio mundi die fecit Deus terram partiùs subsidere, partiùs assurgere* ». (Vendesten, Comm., tom. 34, p. 60.)

Le vénitien Moro établit très-bien que des soulèvements ont coïncidé avec un affaissement, d'où sont provenus, dit-il, les premières montagnes et le bassin des mers. (*De crostacei, e degli altri marini corpi...* 1740.) Aussi ce n'est pas cette opinion que réfute Constantin (*La verità del diluvio univ..* 1747), mais bien les hypothèses innombrables de Moro.

Le P. Gabriel, dans une dissertation sur l'origine des montagnes (*Philos. disquis.* Pisauri. 1752), pense qu'au premier jour de la création, les particules terrestres ne furent consolidées qu'à la surface, ce qui forma une croûte qui, en se soulevant çà et là par le mouvement du noyau fluide, forma les premières montagnes. Puis il démontre qu'au troisième jour il y eut d'autres soulèvements qui formèrent les continents et d'autres montagnes avec un immense affaissement où se retirèrent les eaux, suivànt ses expressions : « Le liquide se renferma dans les abîmes, quand le solide s'exhaussa et s'orna de nouvelles montagnes ».

Enfin, parmi les modernes, M. Chaubard est celui qui a le mieux décrit la formation des mers, c'est-à dire de la manière la plus rationnelle et la plus biblique. (Voyez ses *Elém. de géol. à l'usage de tout le monde.*)

Tout porte à croire, et nous le ferons observer ailleurs, que les terres émergées le troisième jour formaient un seul continent, et l'étude des terrains, faite de notre point de vue, pourra peut-être un jour convertir en certitude les diverses probabilités que l'on possède déjà. Quoi qu'il en soit, la surface terrestre fut modifiée et subit une première préparation pour la distribution des eaux nécessaires à la végétation : *Rigans montes de superioribus suis : de fructu operum tuorum satiabitur terra* (Ps. 103).

Dans un autre endroit, l'écrivain sacré nous fait assister à l'écoulement des eaux dans l'abîme, pour y recevoir la loi qui devait les y contenir : *Quando circumdabat mari terminum suum, et legem ponebat aquis ne transirent fines suos.* (Prov. VIII. 29.) Mais c'est Dieu lui-même qui, parlant à Job, lui décrit ces merveilles. Quel est celui, dit-il, qui a scellé les rivages de la mer, quand elle se précipitait dans son bassin, en sortant des mains qui l'ont formée ? *Quis conclusit ostiis mare, quandò erumpebat quasi de vulva procedens?* Alors que la nue lui servait de vêtement, et que je l'enveloppais dans les obscurités d'un brouillard comme dans les langes de son enfance : *Cùm ponerem nubem vestimentum ejus, et caligine illud quasi pannis infantiæ obvolverem.* Et je la fixais dans son bassin en brisant sur le sable l'orgueil de ses flots : *Usque hùc venies et non procedes ampliùs, et hîc confringes tumentes fluctus tuos.* (Job. XXXVIII. 8-9-11.)

Le simple énoncé de ces opérations, et la promptitude avec laquelle elles eurent lieu : *In fortitudine illius repentè maria congregata sunt* (Job. XXVI. 12), indiquent que les courants durent emporter dans plusieurs endroits la couche d'argile qui était en voie de formation, la laisser incomplète en d'autres, et en accumuler de nouvelles strates dans les lieux écartés ou à l'abri de leur action érosive. D'un autre côté, ni le temps ni les réactions n'ayant pas encore permis aux matières suspendues ou dissoutes dans le liquide de se déposer, les eaux durent donc entraîner une grande quantité de matériaux dans le bassin des mers.

Que si maintenant nous voulons essayer de supputer la profondeur de la mer, nous trouverons des données qui ne peuvent s'écarter beaucoup de la vérité. La meilleure et la plus savante estimation en a été faite par Laplace, qui, dans sa théorie des marées, en donne là moyenne à 4,000 mètres. M. Scoresby, qui a porté la sonde plus avant, n'a pu atteindre qu'une profondeur de 2,470 mètres dans les mers australes, mais sans toucher le fond : la sonde finit toujours par flotter, tant par le poids du lien qui l'emporte enfin sur celui du cylindre, qu'à cause de la densité croissante du liquide. Cette densité des mers à de grandes profondeurs, est encore un mystère ; toutefois, nous ne croyons pas trop nous hasarder en avançant qu'elle doit être très-considérable, à en juger par la densité constatée à peu de distance de la surface. Et si, comme on a lieu de le croire, le maximum de la profondeur de l'Océan est entre sept et huit mille mètres, qui peut dire quelle y est la densité des eaux ? Nous ne voyons pas même ce qu'on pourrait raisonnablement objecter à celui qui prétendrait qu'elle s'y trouve à l'état de boue, mêlée à une grande quantité de substances minérales et de détritus d'êtres organisés, et qu'elle est peut-être aussi peuplée de ces êtres qu'on ne trouve plus qu'à l'état fossile dans les premiers terrains diluviens, immédiatement superposés aux strates primitives et aux bassins d'alluvions anciens. Si cela était, il n'y aurait aucun espoir d'en voir jamais des vestiges ni sur la surface ni sur le littoral, attendu que le mouvement des eaux n'est que superficiel, et que les hauts fonds sont hors d'atteinte de toute perturbation. On peut cependant opposer à ces suppositions les courants marins, et surtout le grand courant équatorial ; mais ces courants atteignent-ils toutes les profondeurs de l'Océan ?

Terminons ce paragraphe et disons que, tout étant convenablement disposé, Dieu donna à chaque chose son nom. Le firmament fut appelé Ciel : *Vocavitque Deus firmamentum Cœlum*, c'est-à-dire l'espace, *Et vocavit Deus aridam Terram, congregationesque aquarum apellavit Maria*. (Gen. 1-8-10.) L'aride fut appelée Terre, et l'amas d'eau, Mer ; car ce fut alors seulement que le ciel, la terre et les mers existèrent en réalité.

§ V.

VÉGÉTAUX.

La terre est couverte d'une riche couche de limon humide et par conséquent imprégné d'une certaine proportion des divers sels que les eaux venaient d'emporter dans leur retraite. La végétation va y trouver toutes les conditions de développement et de prospérité que complètera une lumière abondante. Nous répondons ainsi aux vœux que formait M. de Candolle de voir un jour la science démontrer qu'une lumière suffisante existait à l'époque de l'apparition des végétaux (1). Parlons d'abord de ceux-ci.

(1) « Peut-être, disait M. de Candolle (*Bib. univ.*, *avril* 1855), trouvera-t-on un jour que le magnétisme terrestre et une haute température du globe ont pu produire jadis une lumière inconnue maintenant ; peut-être découvrira-t-on que les aurores boréales ont été autrefois beaucoup plus fréquentes et plus intenses que dans notre époque. » On voit, par la première partie de cette citation, que cet estimable savant parlait sous l'influence de la période plutonienne ; la seconde est due tout entière à son génie.

Il nous semble bien simple et bien rationnel de penser, qu'une fois l'agent vital universel produit pour l'organisation de la matière, Dieu n'a fait qu'en modifier l'action sur elle pour en former tous les êtres de la nature. Cette opinion est corroborée par les observations de la physique et de la chimie.

C'est par le rayonnement, par la ligne droite, que toutes les propriétés minérales de la matière se manifestent. Le calorique, la lumière, l'électricité, le magnétisme, se propagent en ligne droite ; et comme par une transition à un état de choses plus parfait, on peut déjà y constater des actions concentrantes. L'homme lui-même peut les faire naître et même converger en circuit dans les courants de la pile. Enfin, il nous est donné de contempler des courants convergents dans le phénomène de l'aurore boréale et les actions concentrantes des orbites sidéraux. C'est qu'en réalité la polarisation de la matière, c'est-à-dire la double propriété d'actions positive et négative de chaque atome, est la base de la vie minérale et le pivot du cercle de l'existence. Et maintenant, sous l'influence de l'action centralisante de la force luminique, nous verrons surgir, d'une élaboration particulière des molécules élémentaires, de nouveaux êtres, des individus vivants par eux-mêmes, et offrant, en petit, les phénomènes de l'univers ; nous concevrons les végétaux comme formant la première série de ces individualités. Nous pouvons même croire que les végétaux ont été créés à l'état de perfection organique, à l'état adulte.

Il est bien difficile de se refuser à chercher dans ces idées la véritable nature des végétaux, quand on considère qu'ils sont donnés par l'écrivain sacré comme une production de la terre : *Germinet terra herbam virentem et facientem semen, et lignum pomiferum,* etc.. (Gen. I — 11.) Ne dirait-on pas que les végétaux sont sortis de terre par l'effet des courants cosmiques qui les élèvent toujours vers l'astre positif de notre système, le soleil ? C'est la position de cet astre sur l'horison, qui détermine l'attitude des fleurs sur leurs tiges, mais surtout de la plus grande de toutes, celle de l'héliotrope. C'est la présence du soleil qui tient droites les plantes les plus frêles et qui les raffermit sur leurs tiges délicates. C'est cet astre, se présentant chaque jour à nous par l'Orient, qui détermine les circonvolutions des végétaux grimpants autour des corps qu'ils entortillent. C'est lui enfin qui attire par les croisées et les ouvertures des serres et des grottes, les plantes qui y croissent.

L'influence positive du soleil déterminant l'élancement des tiges vers les hauteurs de l'atmosphère, c'est l'influence négative du globe terrestre qui détermine les racines à s'enfoncer dans les profondeurs de la terre. Cette raison paraît avoir été méconnue par M. Payen. *(Acad. des scien. séan., du 6 nov. 1843.)* Cependant il est parfaitement démontré que tout ce qui dans la nature est exterieur, c'est-à-dire exposé

à l'influence positive du soleil, jouit de l'action positive relativement à ce qui est intérieur ou soustrait à
l'influence solaire ; et *vice versâ* que tout ce qui est
intérieur est doué de l'action négative. Ces propositions
ne souffrent pas d'exception. Jusque chez les animaux,
la peau et les organes périphériques sont positifs,
tandis que les organes intérieurs et la peau interne
(membranes muqueuses) sont négatifs. *(Cours de
microscopie* de M. le docteur Donné).

Ces phénomènes n'étonnent point quand on sait que
tout végétal est composé de cellules imbibées de sucs
et de particules minérales, et que tout s'y passe comme dans un appareil voltaïque à très-petite tension. Le
mouvement circulatoire des molécules élémentaires,
et l'alimentation ou l'assimilation par intussusception,
sont le résultat des organes d'absorption et de cette
centralisation qui aboutit à l'action composante et décomposante des cellules par la convergence des petits
courants de chaque cellule organique. N'est-il pas
prouvé d'ailleurs que tous les actes des végétaux, comme ceux des animaux, développent de l'électricité et
même de la chaleur ? Ne sait-on pas que l'électricité
et la lumière favorisent et activent les fonctions de
tous les êtres organisés ? Les expériences de M. Pouillet, du savant abbé Nollet, de MM. Jallabert, Davy,
Becquerel, etc,.. , l'ont démontré. Et voici un fait
remarquable, communiqué à l'Académie des sciences
par M. Baric de la Haie : « La foudre tomba au mois
de juillet dernier (1835) sur un des peupliers qui

forment l'avenue de sa popriété ; quelques branches furent cassées au sommet ; le fluide électrique suivit le tronc du haut en bas, à la partie nord, sans endommager l'écorce, et s'enfonça au pied, dans la terre, dont il souleva deux grosses mottes. Cet arbre avait alors un pied de circonférence ; il en a deux aujourd'hui (huit mois après), tandis que ses voisins ont conservé la même grosseur. L'arbre grossit tellement vite, que M. Baric vient d'observer sur l'écorce une crevasse par où la sève coule en abondance. » (Séance du 25 avril 1836.)

Dieu a parfaitement organisé les végétaux, et successivement tous les êtres, pour le role qu'il les appelait à remplir. Il n'y a pas, il ne peut y avoir, sous ce rapport, d'organisation plus ou moins parfaite. Toutes les créatures atteignent leur fin par des organes et des moyens parfaitement convenables. Or, le rôle des végétaux, du plus simple au plus composé, depuis la moisissure jusqu'au chêne, indépendamment de leur utilité générale pour l'homme, est de préparer la matière minérale à l'assimilation des corps animaux ; (1) ; à être le laboratoire vivant de la nature, ou son filtre, comme dit Buffon.

Ainsi, nous ne croyons pas devoir prendre la peine de réfuter ici la doctrine absurde du *progrès continu,*

---

(1) Un célèbre chimiste de nos jours, M. Dumas, avait admis, *à priori*, que les végétaux avaient existé avant les animaux ; car, disait-il, *le règne animal* prend au règne végétal ses éléments *organiques tout faits.*

8

c'est-à-dire du passage d'un type à un autre par le
perfectionnement successif de l'organisme, qui aurait
fait d'un infusoire une grenouille, une marmotte, un
homme, en passant par mille états intermédiaires.
D'ailleurs, M. Foucault a victorieusement réfuté ce
système extravagant et insensé ; il est aujoud'hui entièrement abandonné ; la plupart des savants lui ont
substitué celui de l'apparition successive des végétaux
en commençant par l'organisation la plus simple.

Ce fut là, à vrai dire, le premier dogme de la géologie, le résultat de ses premières investigations dans
les petits et étroits recoins des couches profondes que
lui livrèrent les mineurs anglais, allemands et français ;
on l'étayait de l'incandescence originelle du globe,
des créations et des catastrophes successives dont la
surface terrestre avait été le théâtre, et toutes ces
hypothèses se donnaient mutuellement la main : mais
aussi toutes ont fait leur temps, elles sont désormais
hors de cause. Une étude plus étendue et plus impartiale des couches terrestres, a révélé des faits qui ne
permettent plus à la géologie de tenir un langage
contraire au récit mosaïque.

Bornons là ce que nous avions à dire sur les végétaux et revenons à la cosmogonie.

Des auteurs, bien intentionnés sans doute, mais
égarés ou séduits par une science étroite et mal
assise, ont cru qu'ils pouvaient nier l'existence de la
lumière pendant les trois premiers jours de la création,
malgré l'assertion positive de Moïse, et cela parce

qu'il leur semblait trop difficile d'éclairer le monde d'alors sans soleil. La difficulté, comme l'on voit, était fort grave du point de vue de ces auteurs. Elle l'est encore tellement pour les cosmogonistes les plus modernes, qu'ils préfèrent croire à l'existence des végétaux sans lumière. Aucune de leurs théories n'a pu accepter purement et simplement et expliquer catégoriquement tous les faits cosmologiques et bibliques. Pour nous, il est de la dernière évidence que tous les végétaux n'ont pas également besoin de l'influence de la lumière sensible. Tandis qu'un fucus, animé simplement par la force luminique qui dirige les actes même de sa nutrition, se développe et croît dans la mer à des centaines de mètres de profondeur, sans que la lumière du jour puisse l'atteindre (1), un pommier périrait promptement dans l'obscurité ; et il est contant que, si certains végétaux croissent à l'ombre incomplète des forêts, d'autres ne peuvent subsister qu'en plein soleil et en plein air.

Il faut donc aborder sur un autre point la question de la lumière des trois premiers jours du monde, puisque, sans soleil, la terre fut éclairée du moment que la lumière fut faite : *et facta est lux.*

---

(1) Les plantes qui croissent au fond de la mer, ne laissent pas d'être d'un tissu très-dense et vivement colorées ; et cela à des profondeurs telles que la lumière, si elle y parvient, ne doit avoir aucune action sur elles. (Lamoureux, *Géographie des plantes marines*).

§ VI.

POUSSIÈRE COSMIQUE. — AURORES COSMIQUES. — LUMIÈRE DES TROIS PREMIERS JOURS DE LA CRÉATION.

Pour qu'il y ait production de lumière sensible, avons-nous dit, il faut qu'il existe une composition ou une décomposition entre des molécules élémentaires. En d'autres termes, il faut qu'il y ait convergence, sur ces molécules, de l'action positive et de l'action négative de la force universelle ; par exemple, pour la lumière du jour, l'action positive du soleil et l'action négative de la terre, doivent converger sur les molécules répandues dans l'espace périgéique ; car il n'y a formation de nouveaux composés ou de nouveaux êtres minéraux, que par cette convergence des deux actions adverses, et il n'y a production de lumière sensible qu'alors. Il faut donc prouver l'existence de ces molécules élémentaires, ou poussière cosmique, et faire voir que des causes puissantes les poussent incessamment à des combinaisons variées.

Poussière cosmique. Les chimistes et les physiciens comprennent, sous le nom de poussière atmosphérique ou cosmique, les atomes et les molécules disséminés dans l'espace et dont l'existence est révélée depuis quelques années par une foule de faits.

Nous avons dit un mot, en commençant ce chapitre, de l'extrême et inconcevable divisibilité de la matière ; nous devons ici en donner une idée plus nette. Déjà, dans notre Physiologie, nous disions, en parlant des odeurs, que ces émanations des corps sont invisibles et intangibles, et que l'excessive ténuité, l'expansibilité et la divisibilité des molécules qui les constituent sont extrêmes et absolument insaisissables.

Haller dit avoir conservé, pendant quarante ans, des papiers qu'un seul grain d'ambre avait imprégnés, et, après un laps de temps aussi long, ils n'avaient rien perdu de leur odeur. Ce grand observateur a calculé que chaque pouce de leur surface avait été pafumé par 1/2,691,064,000° de grain d'ambre, puique cette surface était évaluée à 800 pieds. « Il y a un certain nombre de corps dont l'odeur se fait sentir à plusieurs pieds à la ronde : donc ces corps répandent des particules au moins dans tout cet espace, et, en supposant qu'il n'y ait qu'une seule de ces particules dans un quart de pouce cubique, ce qui est manifestement fort au-dessous de la vérité, puisqu'il est probable que de si rares émanations n'affecteraient point l'odorat, on trouvera qu'il y a, dans une sphère de dix pieds de rayon, par exemple, 115,679,382 particules échappées du corps, sans que cependant il n'ait rien perdu de sa masse.

« Mais un calcul de Keil, sur une expérience de Boyle, est encore plus étonnant. Il en résulte qu'une once d'assa-fœtida a perdu en une minute 1/69,120ᵉ de grain, ce qui donne pour chaque particule, en les supposant toutes à égale distance dans une sphère de cinq pieds de rayon, le volume de 2/10,000,000,000,000,000,000ᵉ de pouce cube; mais elles sont réellement plus serrées vers le centre, en suivant la raison inverse du carré de la distance, ce qui fait que leur volume n'est plus que de 38/1,000,000,000,000,000,000ᵉ de pouce cube. » (Voyez notre *Précis de physiologie humaine. Odorat.)*

Tous les corps laissent échapper une partie de leur substance, les métaux comme les couches terrestres; les terrains meubles de la surface, les étangs, la glace même, les monuments de l'art, tout laisse échapper des molécules ; et leur ténuité, leur infinie petitesse est non-seulement invisible, mais elle les rend encore insaisissables à l'analyse chymique. Ainsi, un morceau de cuivre pur, dont les molécules sont odorantes, pourrait en laisser échapper pendant de longues années sans que leur présence pût se constater chimiquement dans l'air ambiant, et sans que le morceau de cuivre eût diminué de son poids d'une manière sensible aux instruments les plus délicats.

Les expériences de Hales, sur la végétation des plantes, prouvent qu'elles n'enlèvent à la terre que des molécules de passage, si on peut s'exprimer ainsi: il est bien constaté que l'accroissement d'un végétal ne paraît pas diminuer le poids de la terre d'où il sort. Des graines que l'on fait germer dans des poudres minérales très-pures et absolument réfractaires à l'action vitale et assimilatrice des végétaux, comme le soufre sublimé, le manganèse, les oxides d'étain, etc...., et que l'on arrose seulement avec de l'eau distillée, produisent des tiges et des feuilles qui contiennent les mêmes principes que si elles avaient germé en pleine terre, c'est-à-dire carbone, potasse, silice, fer, etc...; toutes substances qu'elles ne peuvent avoir puisées que dans l'air ambiant. Les expériences de Schrader, Braconnot, Gréeff. Thénard, ne laissent aucun doute possible à cet égard. Il semblerait même que les engrais agiraient principalement sur les tiges et les feuilles des plantes par l'exhalation, à travers le sol, des molécules qui résultent de leur décomposition.(1).

D'un autre côté, on a constaté la formation de plusieurs corps dans l'atmosphère. M. Liébig, ayant anlysé 17 échantillons de pluies d'orage, tous lui ont fourni de l'acide nitrique combiné à de la chaux et à de l'ammoniaque. On a fréquemment observé des pluies colorées. La fameuse pluie de Paris et d'Orlé-

---

(1) Ici se présente une remarque sur l'assainissement des contrées insalubres. On est généralement d'accord sur la salutaire influence qu'exerce la végétation sur les pays malsains : c'est même le grand moyen d'assainissement conseillé pour l'Afrique française. Eh bien! d'après les idées que nous venons d'exposer, on ne trouvera pas extraordinaire que nous croyions à quelque influence de la part du sol. Un sol remué, labouré, amendé, n'absorbera-t-il rien de l'atmosphère? ne livrera-t-il pas un passage plus libre aux courants vecteurs des molécules élémentaires? Par conséquent, ne pourra-t-il pas modifier la constitution atmosphérique de la contrée?

ans était colorée en rouge par de l'oxide de fer.
Quelques années auparavant, deux chimistes de Bruges
avaient annoncé que la pluie bleuâtre tombée à Blan-
kembesrg, le 2 novembre 1829, contenait du cobalt.
Un fait plus remarquable encore est celui publié par
M. Nélioubin, qui observa en 1825, dans le cercle
de Sterlatamack, une grêle dont chaque grain renfermait un noyau composé de six espèces de métaux ;
le fer y dominait. *(Ann. de chim et de phys.* tom.
12 et 39.)

Enfin, il est démontré physiquement et minéralo-
giquement que les courants cosmiques ont introduit
à travers diverses roches, des substances minérales,
et qu'ils en ont laissé dans les crevasses de la croûte
terrestre où elles ont formé les plus riches dépôts métalliques qu'on exploite sur divers points du globe.
(Voyez *Filons métalliques.)*

Aurores cosmiques. Nous nommons ainsi le phénomène connu sous le nom d'aurore boréale, parce
qu'on ne l'observe pas seulement sous le pôle boréal,
mais encore sous le pôle austral ; aussi mériterait-il
plutôt le nom d'aurore polaire : mais ce nom n'est
point encore exact, puisque les aurores cosmiques se
font remarquer sous les zones tempérées et même par
toute la terre, quoiqu'elles deviennent de plus en plus
rares à mesure qu'on se rapproche de l'équateur.

Les anciens qui nous ont laissé la description d'aurores cosmiques, paraissent avoir écrit sous l'impression de la terreur que leur inspirait ce phénomène

lumineux. Lycosthène y voyait des combats sanglants entre des animaux féroces, des armées qui s'entre-détruisaient, des glaives brillants, des têtes hideuses, une fantasmagorie diabolique, en un mot, mille rêveries capables d'épouvanter l'imagination. Voici ce que raconte, en 1775, Corneille Gemma. Après avoir parlé de deux vastes colonnes de lumière qui s'élevèrent des deux points opposés de l'horizon, et d'une multitude de rayons qui s'échappaient de leurs côtés pour s'entre-croiser en changeant rapidement de direction, il dit : « Les lances et les flammes montèrent de toutes parts jusqu'au milieu du ciel ; bientôt l'incendie gagna du gouffre du nord jusqu'au zénith, il devint universel, et une mer de feu s'éleva à grands flots du fond de ce gouffre infernal. »

Aujourd'hui, le peuple croit, dit-on, que ce phé-nomène est occasionné par les âmes des trépassés, qui viennent visiter leur pays natal ; la science n'y voit plus que de magnifiques gerbes de lumière qui jail-lissent de toutes parts de l'horizon, pour se réunir à l'est et à l'ouest en deux immenses colonnes. Ces co-lonnes s'élèvent peu à peu, avec des élancements ma-jestueux, pour former un arc vaste et brillant qui éclaire quelquefois toute la nuit une grande étendue de pays. Ce phénomène s'accompagne ordinairement de diverses irrégularités de lumière et de singularités fort curieuses ; il est d'autant plus resplendissant et plus complet, qu'on l'observe plus près des pôles : il y est aussi tellement fréquent, que M. Lottin, dans l'hiver de 1838 à 1839, durant 206 jours, en a observé 143 à Bessekop, par 70° de longitude boréale. Parmi ces 143 aurores boréales, 64 se montrèrent durant les 70 jours de nuit continuelle qui règne à Bessekop, depuis le 17 novembre jusqu'au 25 janvier ; de sorte que la lumière de ces aurores supplée à celle de l'astre du jour dans ces régions glaciales.

Les théories modernes n'ont pu arriver à une explication satisfaisante des phénomènes lumineux, et en particulier de celui qui nous occupe, parce que les difficultés qu'ils présentent au point de vue de la multiplicité *des agents de la nature*, ne peuvent disparaître que devant l'unité de l'agent biblique. Aussi, dans notre théorie, leur explication est très-simple ; elle est en harmonie avec tous les faits scientifiques, et se trouve appuyée par toutes les observations des savants, et en particulier par celles de M. Faraday, qui attribue les aurores boréales aux courants électriques. On peut donc s'étonner de voir M. Kœppelin, dans son *Cours de physique* tout récent, se borner à dire des aurores boréales, que « la grande quantité de lumière provient de ce que, dans les régions élevées de l'atmosphère, les éclairs se dissipent en gerbes de feu. » (P. 361.)

Les courants cosmiques qui rayonnent dans l'espace, chargés de molécules élémentaires, ne doivent produire aucun phénomène sensible tant qu'ils ne convergent pas ; mais, aussitôt qu'ils viennent à converger, il doit y avoir production de lumière sensible, par la combinaison des molécules qui se meuvent sous leur impulsion. Or, ces courants sont d'autant plus puissants, que la surface est plus près du centre. Ils seraient partout à peu près égaux, si la terre avait la forme d'une sphère parfaite; mais il n'en est point ainsi. La terre est tellement aplatie aux pôles, que la surface y est de sept lieues plus rapprochée du centre que sous l'équateur; aux pôles donc, les courants cosmiques seront plus actifs que partout ailleurs : il s'ensuit donc que les aurores boréales seront plus fréquentes et plus lumineuses aux pôles , et par conséquent cette activité des courants attirera toujours davantage les courants partiels, et nous donnera la raison de la direction de l'aiguille aimantée. Cette direction, qui est presque constante vers les pôles, sera sujette à des déviations et des perturbations, toutes les fois que l'aiguille aimantée subira l'influence de courants autres que ceux des pôles, et surtout ceux de la foudre, des aurores boréales des zônes plus ou moins reculées vers l'équateur : et ce sont là des faits constatés depuis longtemps par la science. Cette conséquence est de la plus haute importance pour elle, et doit régler l'étude des lignes isothermes et celle des déviations de la boussole (1).

Enfin une autre conséquence, que nous ne ferons

____

(1). M. de Humboldt avait déjà admis que *l'intensité magnétique du globe terrestre augmente, en général, avec la latitude, ou de l'équateur vers les pôles*. Les expériences magnétiques qui font aujourd'hui l'objet des recherches des savants et la sollicitude que mentionner, c'est celle de la pesanteur des corps, qui est plus grande aux pôles qu'à l'équateur, à cause de l'aplatissement des premiers. Revenons.

Le célèbre M. Cauchy suppose que la lumière est produite par les mouvements ondulatoires de l'éther aux surfaces supérieures des atmosphères des astres. Cette idée ingénieuse a été fort goûtée, parce qu'elle tend à confirmer l'éther dans le rôle séduisant d'agent universel. Mais il est est évident que les phénomènes lumineux ne se passent pas uniquement aux surfaces ; et, dans tous les cas, cette théorie ne peut être appliquée aux aurores boréales, puisque ce phénomène se passe et dans l'atmosphère et au-delà (Voyez : *Comptes-Rendus de l'Acad. des scien. de Paris, I*er *semestre 1843.*)

Dans la théorie de M. Valz, l'aurore boréale est encore plus inexplicable, parce qu'elle repose sur l'hypothèse de la résistance impénétrable de l'éther aux corps célestes et même aux comètes et aux atmosphères des astres. Cette hypothèse est d'ailleurs contredite par les phénomènes chimiques et physiques les mieux constatés.

On conviendra que les dissidences de la science sur la production de la lumière phénoménale ne sont pas

---

des états civilisés, ne pourront être complétées que lorsqu'on aura admis l'identité de l'attraction sidérale avec le magnétisme, et que l'on prendra en considération l'influence des astres, du soleil, par exemple, à l'apogée et au périgée, sur la réaction de la terre.

petites, si l'on se rappelle les autres théories émises jusqu'à ce jour, et dont nous ne dirons rien, parce qu'elles sont encore moins satisfaisantes que celles que nous avons mentionnées. Aussi, l'illustre Ampère, en face de tant de graves difficultés, avait-il senti le besoin de rattacher ces phénomènes à l'unité d'un seul agent, en confondant l'éther avec l'électricité. C'est ce qui lui avait fait dire : « Le fluide éthéré n'est autre chose que le double fluide électrique. » L'étude de la nature, d'après les données de la Bible, l'eût conduit à la solution du problême.

L'on doit donc, mettant de côté les incertitudes de la science, réduire l'éther à l'espace, ou étendue de matière réduite à son plus grand état de ténuité, et dire que l'atmosphère n'est que cet espace imprégné de matière élémentaire et des émanations les plus grossières des corps. Alors ce sera dans cette atmosphère que se passeront les phénomènes lumineux communs, c'est-à-dire solaires ; et, comme le phénomène a lieu entre atomes simples, absolument invisibles, il s'ensuit que la lumière produite est entièrement et parfaitement diffuse. En effet, du sommet du Mont-Blanc, on voit les étoiles en plein midi, l'espace se voile d'une couleur plus foncée, et l'observateur paraît au-dessus de la région lumineuse. La chose est encore plus sensible dans les aérostats. Les voyageurs aériens, parvenus dans les plus hautes régions, y éprouvent tous les accidents causés par la raréfaction de l'air ; d'un autre côté, l'espace leur apparaît sombre et les étoiles brillent malgré la présence du soleil le plus vif. Au-dessous d'eux, la lumière semble jaillir de tous les points de la surface de la terre, et leur envoyer les derniers rayons de la chaleur qui l'accompagne.

Il faut donc admettre que le phénomène lumière se produit partout où les courants de l'action de la force luminique, positifs du soleil et négatifs de la terre, échangent leurs actions, parce qn'il y a nécessairement combinaison des molécules qu'ils transportent, et l'on comprend facilement que cet échange ou cette convergence a lieu d'une manière diffuse, excepté peut-être sur les deux points polaires. Quant aux aurores cosmiques, il faut admettre aussi que les courants de notre planète produisent la lumière sensible partout où ils convergent, à peu près comme les courants de la pile, puisque d'ailleurs la terre est une immense pile à petite tension : aussi s'accorde-t-on aujourd'hui à reconnaître la nature électrique des courants qui occasionnent les aurores cosmiques. Et ce qui démontre encore l'identité de tous ces fluides acteurs sur la scène du monde, ce sont les observations de Humboldt, de Gauss, de Feld, qui prouvent l'action de ce phénomène sur les aimants artificiels ou naturels; elle se fait même sentir sur la boussole à de très-grandes distances, ce qui ne peut arriver que par la continuité d'action de ces courants sur les autres effluves terrestres. Il est enfin très-remarquable que le sommet de l'arc de cette aurore se trouve toujours sur le méridien magnétique du lieu de l'observation, et que sa lumière diffuse offre la plus parfaite analogie avec la lumière électrique traversant un milieu raréfié.

Une remarque encore fort importante, c'est qu'au moyen de la méthode des paràllaxes, M. Wartmam a observé, pendant une aurore cosmique visible à Paris, que l'arc était à deux cents lieues d'élévation, c'est-à-dire fort au-dessus des limites de l'atmosphère terrestre. En supposant qu'on élève des doutes sur la valeur de cette méthode appliquée à ce phénomène, il demeurera toujours certain, d'après les expériences de Dalton, que l'arc lumineux dépasse l'atmosphère, si loin qu'on en recule les limites.

Lumière des trois premiers jours de la création. Nous pouvons maintenant conclure que l'aurore boréale des premiers jours de la création a été universelle, parce que la terre n'étant point encore soumise au mouvement de rotation, les pôles n'étaient point aplatis, ni l'équateur renflé. Les courants étaient donc plus uniformément répandus à sa surface. De plus, la matière sidérale l'entourant au-delà de sa sphère d'attraction, il y avait échange de courants entre la terre et cette matière circonférente, comme cet échange se fait aujourd'hui entre le soleil et les autres astres, c'est-à-dire la matière agglomérée ou la matière sidérale. Ainsi, cette lumière des trois premiers jours se confond avec la lumière solaire par sa cause et par la vivacité de son éclat. Nos aurores boréales n'en sont qu'un faible reste, borné aux contrées où les courants lumiques jouissent d'une plus grande activité.

§ VII.

NOUVEAUX DÉVELOPPEMENTS SUR LA MATIÈRE ÉLÉMENTAIRE. — NÉBULEUSES. — COMÈTES. — ÉTOILES FILANTES ET AUTRES MÉTÉORES. — AÉROLITHES OU URANOLITHES.

Il suffit de se reporter à l'origine des choses, pour comprendre que toute la matière élémentaire n'a pas été agglomérée, qu'elle n'a pas été épuisée par la formation des corps célestes. Indépendamment de la poussière cosmique, il en existe d'immenses amas. M. Marcel de Serres, dans son dernier ouvrage (*Créat. de la terre, etc....* 1 vol. in-8°, 1843) l'a surabondamment prouvé. MM. Arago, Herschell et tous les grands astronomes, ont admis l'existence d'une matière élémentaire à l'état libre dans l'univers. Et l'on ne peut que souscrire à ces belles idées, quand on jette un simple coup d'œil sur les couches inférieures de notre atmosphère, dont la densité égale presque celle des comètes, jusqu'aux régions les plus reculées de la sphère céleste, où sont les nébuleuses.

Notre système peut en offrir plusieurs amas : la comète d'Encke, par exemple, cette masse gazeuse si légère, qui tourne autour du soleil en trois ans et quatre mois; la lumière zodiacale encore, qui, d'après les observations de Cassini en 1683, de Mairan en 1746, et selon les idées reçues aujourd'hui, ne serait qu'un amas de matière élémentaire, faiblement retenue dans la sphère d'attraction du soleil. Elle s'étend au-delà de l'orbite de Vénus autour de l'équateur solaire, et prend diverses formes, mais surtout celle d'un cône immense, selon les positions de ces astres et les influences planétaires.

Mais il est nécessaire de donner quelque développement à cet intéressant sujet. Ce sera un acheminement à l'explication de l'œuvre du quatrième jour.

Nébuleuses. Les nébuleuses sont des amas de matière lumineuse, d'une ténuité variable et d'une étendue immense. Le diamètre de l'un de ces amas, qui n'apparaît que comme un point dans le ciel, est cependant dix-huit fois aussi grand que celui de l'orbite d'Uranus, c'est-à-dire que cet amas paraît avoir dix-huit fois l'étendue de notre système planétaire (1).

Les nébuleuses, qu'on a bien voulu appeler des astres problématiques, ne doivent pas toutes conserver rigoureusement ce nom, puisque Herschell est parvenu, au moyen de puissants télescopes, à résoudre un grand nombre de ces taches lumineuses en une multitude d'étoiles. La plupart de celles que l'on aperçoit à l'œil nu ne sont autre chose que des amas d'étoiles trop éloignées pour être distinguées les unes des autres. Cependant il est certain qu'il existe de vraies nébuleu-

______

(1) Quand nous parlons de *notre système planétaire*, nous ne voulons pas insinuer qu'il en existe d'autres; mais nous voulons parler selon le langage ordinaire.

Ce point important sera discuté ailleurs.

9

ses, disséminées dans les espaces célestes. Leur forme est variable, ronde ou ellipsoïdale. Plusieurs paraissent soumises à un mouvement de rotation, et semblent éprouver des changements lents dans leur forme et dans leur éclat.

A voir leur consistance vaporeuse, on ne peut s'empêcher de penser que ce sont des amas de matière élémentaire, soumise, à la vérité, à l'action de l'agent lumineux, mais non condensée, quoique agglomérée, peut-être à cause de l'homogénéité des molécules dans chaque amas. Pourrait-on expliquer par là la diversité de leur éclat? On dirait des restes de la matière primitive, que Dieu laisse en cet état avec une destination spéciale, pour varier l'aspect de l'univers, et pour augmenter le charme de sa contemplation.

Le savant Arago, dans sa Notice sur les découvertes d'Herschell, consignée dans l'Annuaire du bureau des longitudes pour l'année 1842, parle ainsi sur le sujet qui nous occupe : « Une fois arrivé à l'opinion qu'il existe dans les espaces célestes de nombreux amas de matière diffuse et lumineuse, Herschell vit ouvrir devant lui un champ de recherches presque entièrement nouveau... Il fut bien entendu, dès cette époque, que les étoiles, les planètes, les satellites, les comètes, n'étaient pas les seuls objets sur lesquels les investigations des astronomes dussent se porter. La matière céleste non condensée, la matière céleste plus voisine de l'état élémentaire, ne parut pas moins digne d'attention » (P. 416). Voilà donc encore un immense sujet d'étude, d'observations et de discussions. Ainsi une découverte succède à une autre, et l'homme ne semble étendre le cercle de ses idées que pour agrandir celui de son ignorance.

Comètes. Rien ne ressemble plus à la matière des nébuleuses que la substance des comètes, qu'Alstède, cette tête encyclopédique du XVII° siècle, croyait être une réunion de *molécules élémentaires en fermentation.* Leur consistance n'est quelquefois pas au-dessus de celle des couches inférieures de l'atmosphère ; la plupart n'ont pas même la densité d'un léger brouillard de printemps, et, pour s'en faire une idée, il suffit de savoir qu'à travers la queue d'une comète, dont l'épaisseur serait de plusieurs milliers de lieues, on aperçoit les étoiles les plus petites, tandis que le plus léger brouillard les dérobe à notre vue.

L'on ne peut s'empêcher de saisir un trait de ressemblance frappant entre les comètes et la matière des aurores cosmiques, quand on considère les variations opérées en un instant sur des étendues de plusieurs milliers de lieues, dans la forme et dans l'éclat de leurs queues ou de leur chevelure. Pour expliquer ces variations si brusques et si vastes avec leurs ondulations, il est nécessaire de les rapporter à l'action des courants de la force luminique.

Des observations précises prouvent que les comètes se dilatent prodigieusement à mesure qu'elles s'éloignent du soleil, et qu'elles se condensent d'autant plus qu'elles en approchent davantage.

M. Godefroy constate ce fait (*op. cit.*, p. 149 et 150), mais il ne l'explique pas, parce que sa théorie repose sur le calorique et sur l'attraction; il cite M. Mutel, qui a dit dans son *Traité d'astronomie* (p. 368) : « On n'a jusqu'ici donné aucune explication plausible d'un phénomène aussi remarquable, dont on ignore absolument la cause. »

Les queues des comètes s'expliquent ainsi : la partie la plus condensée, c'est-à-dire le noyau, quand il en existe, étant plus fortement attiré par le soleil, laisse derrière lui la matière qui l'est le moins, et l'on comprend comment ces queues peuvent être vues sous divers aspects de la terre, en considérant la rapidité du mouvement de translation de ces astéroïdes, et les modifications de formes qu'ils peuvent éprouver par les courants luminiques et par les attractions ou les répulsions de plusieurs astres voisins.

Notre manière d'envisager l'espace, que nous avons expliquée plus haut, nous fait considérer les comètes comme des amas de matière élémentaire, nés dans l'espace même par l'action des courants sidéraux, ou détachés des nébuleuses; et les grandes idées de Laplace sur ces corps viennent parfaitement à l'appui de cette opinion. Dans ce cas, les nébuleuses pourraient être considérées comme d'immenses réservoirs de cette matière élémentaire, et les comètes comme de petites nébuleuses, chargées d'en approvisionner l'espace, où se forment incessamment des combinaisons, comme les étoiles filantes et les aérolithes le démontrent suffisamment.

Quoi qu'il en soit, les comètes, pas plus que les autres astéroïdes, ne peuvent trouver une position astronomique dans l'espace, si, comme nous l'avons dit, l'espace est la juste distance des actions et des réactions sidérales. Et les faits le démontrent manifestement, car on ne peut assigner aux comètes ni ellipse ni parabole exacte, parce que dans leur course vagabonde et excentrique, elles éprouvent trop de variations par l'action des divers astres vers lesquels elles sont successivement rejetées. Et c'est à leur origine, le plus souvent sans doute postérieure à la création, qu'elles doivent de n'avoir pas de mouvement régulier, et de circuler souvent en sens inverse des planètes, c'est-à-dire d'orient en occident.

Enfin, il est à peine besoin de faire remarquer, après ce que nous venons de dire, que les comètes ne sont pas capables de bouleverser, d'incendier, d'inonder notre planète, comme on l'a dit tant de fois. Peut-être ne nous apercevrions-nous pas même de la présence d'une comète dans notre atmosphère. Il est du moins bien constaté que celle de 1770 traversa paisiblement tout le système de Jupiter et en enveloppa les satellites, qu'on pouvait voir à travers sa masse déliée, sans leur faire éprouver la moindre variation dans leur mouvement. Un autre fait bien plus remarquable encore, c'est le passage de la comète de 1680 à travers l'atmosphère du soleil ; elle en rasa la surface et en sortit saine et sauve. La même chose arriva à peu près à celle de 1843.

Étoiles filantes et autres météores. A quoi peut-on attribuer les phénomènes lumineux accidentels qui s'offrent à nos regards dans le firmament du ciel, dans l'espace céleste et terrestre? L'opinion qui en fait le résultat de diverses combinaisons entre molécules élémentaires a prévalu dans la science; c'est aussi celle qui nous paraît seule admissible. Et il est très-remarquable que ces phénomènes se montrent d'autant plus fréquemment, que les aurores cosmiques sont plus rares. Tandis que celles-ci sont très-fréquentes dans les régions polaires, les étoiles filantes, beaucoup plus fugaces, ont lieu de préférence sous les zônes plus rapprochées de l'équateur. Il n'est pas téméraire de penser que l'aurore cosmique est le produit des combinaisons moléculaires des grands courants des pôles, et que les autres météores sont dus aux combinaisons qui s'opèrent dans les molécules poussées par les courants latéraux : d'où résultent des traînées lumineuses (étoiles filantes), des globes de feu (bolides), des lumières diffuses (éclairs de chaleur), etc.....

A ce sujet, qu'il nous soit permis d'attirer l'attention du lecteur sur l'insuffisance des explications qu'on a données jusqu'ici de la plupart des phénomènes atmosphériques. Pour la neige et la pluie ordinaire, peut-on s'en tenir à la théorie reçue? Comment un brouillard, beaucoup plus dense que l'air, peut-il y demeurer suspendu? Nous avouons que cette parole de l'Écriture : *Qui (Deus) ligat aquas in nubibus, ut non erumpant pariter deorsum* (Job. XXVI. 8), n'est pas physiquement expliquée.

Que serait-ce si nous parlions de certains orages ? Voilà, par un temps magnifique, qu'apparaît tout-à-coup, dans un coin de l'horizon, un petit nuage noir, isolé, qui s'est formé subitement. Quelques heures après, tous les éléments sont déchaînés : des vents furieux, une pluie torrentielle, une grêle épouvantable, des trombes, des tonnerres, toutes les forces de la nature semblent s'être réunies sur un point du globe pour en ravager la surface. Évidemment, il y a dans un tel ouragan quelque chose de plus que dans nos pluies tranquilles d'hiver. Tous ces phénomènes, si redoutés des peuples des tropiques et des marins, ne peuvent trouver leur complète explication que dans l'action des courants cosmiques plus ou moins divergents, ou dans l'action de courants négatifs seuls : *Ab interioribus egredietur tempestas* (Job. XXXVII-9); et la constitution d'une trombe, ses immenses colonnes en spirale, ses terribles effets, semblent en être une preuve. Si ces courants convergent, il y aura production de lumière, la foudre aura lieu, et ce phénomène sera d'autant plus grand et plus puissant, que les courants qui l'engendrent sont plus intenses, ou que l'influence positive du soleil se fait sentir davantage.

Quant aux lueurs nocturnes, aux feux follets, aux flammes variées qui s'élèvent des cimetières, des terrains houlliers ou volcaniques, des crevasses des montagnes, etc..., tous ces phénomènes lumineux sont dus à l'action positive de l'atmosphère sur des matières qui se dégagent de l'intérieur du globe, qui est toujours négatif par rapport à la surface; c'est pourquoi elles s'y enflamment avec diverses couleurs, suivant que les molécules qu'elles contiennent sont acides, alcalines, mixtes ou neutres, et suivant l'activité des courants.

Revenons aux météores qui se manifestent dans l'espace. Ce que nous avons déjà dit nous permet de nous borner aux étoiles filantes, les plus communs de tous. Ce sont des corps lumineux qui traversent le ciel avec une rapidité à peu près double du mouvement de translation de la terre.

On cite de véritables averses d'étoiles filantes. Herrich et Herschell ont évalué à trois millions le nombre de ces astéroïdes qui pénètrent dans notre atmosphère en vingt-quatre heures.

Il est à peu près démontré qu'elles existent à toutes les distances de la terre. M. Wartmann en a mesuré quelques-unes à la hauteur de sept ou huit atmosphères. C'est probablement la limite de leur visibilité. Au-delà, en effet, il faudrait que le phénomène fût immense pour être aperçu.

Nous admettons volontiers, avec MM. Herman et Chasle, une certaine constance dans les courants producteurs des étoiles filantes. Cette constance est même un fait vulgaire au sujet des aurores boréales de novembre, en France. Mais il faut faire observer, avec M. Coulvier-Gravier, qu'elle n'est pas d'une périodi-

cité régulière, comme on a d'abord semblé le croire.
Ne pourrait-on pas l'attribuer aux effets des saisons,
et encore, suivant quelques savants, à certains courants sidéraux qui croiseraient, dans un point de l'espace, le rayon vecteur de notre planète ?

Enfin, la force d'impulsion propre des astéroïdes est
un dernier fait qui en complète la théorie à notre point
de vue. Ni étoiles filantes, ni aérolithes, ne tombent
verticalement sur la terre : ils suivent tous une direction indépendante du mouvement du globe.

Aérolithes ou Uranolithes. Les aérolithes, dont la
force d'impulsion paraît moindre que celle des étoiles
filantes, ne sont peut-être quelquefois que des étoiles
filantes tombant sur le globe. Ces corps minéraux sont
de grandeur variable, et ils se forment dans l'espace.
Aucune observation n'a trait à leur formation dans
l'atmosphère ; aussi le nom d'uranolithe, que M. de
Saint-Amans leur a donné, nous paraît plus exact. Un
uranolithe, selon nous, ne serait que le produit d'une
immense combinaison entre les molécules transportées
par des courants à puissance adverse (positive et négative), et qui convergent dans un point quelconque
de l'espace. C'est aussi l'opinion de M. Chaubard ; il
en donne pour preuve le mouvement propre dont ces
astéroïdes jouissent, et la présence du fer à l'état métallique dans leurs masses. (*Univ. expl. par la révélat.*, p. 438). Il pense que ce métal, ne se trouvant
point en cet état à la surface de la terre, parce qu'elle
est négative à l'égard du soleil, et sont les courants

de cet astre, animés de l'action positive, qui doivent transporter les molécules de fer natif sur notre globe, soit dans des filons, soit surtout dans les aérolithes.

Cette opinion tendrait aussi à renverser celle qui donne les volcans de la lune pour la cause productrice des uranolithes, si elle n'était abandonnée aujourd'hui. Des instruments plus puissants ont fait voir qu'il n'existe pas de volcans dans ce satellite. D'ailleurs, quelque faible que fût la sphère d'attraction de la lune, il n'est pas probable qu'un volcan eût pu projeter une masse minérale, même petite, dans celle de la terre.

Chaldini pensait que les aérolithes étaient des fragments de planète ou des planètes très-petites. Cette dernière opinion a été la plus goûtée des savants, et M. Petit l'a fait valoir avec talent dans son observation sur l'aérolithe tombé à Avignon le 9 juin 1840. Les uranolithes doivent être considérés comme des corps nouveaux, formés par l'action convergente des courants luminiques dans l'espace, où ils pourraient même être maintenus plus ou moins longtemps, sans pouvoir néanmoins s'y fixer. Nous l'avons déjà fait remarquer.

A ce sujet, on peut se souvenir de cet immense glaçon, qui s'était formé dans l'atmosphère au-dessus de Marseille, il y a environ trente ans, et qui menaçait la ville d'une entière destruction. Le peuple était accouru dans les églises où il priait; les savants observaient le phénomène avec une frayeur dont personne n'était le maître, quand enfin, dans la journée, la masse de glace fut brisée en morceaux de toute grandeur, au milieu de plusieurs éclats de tonnerre : Marseille en fut quitte pour quelques dégâts.

Il ne serait donc pas impossible que les uranolithes pussent être vus stationnaires dans l'espace pendant un certain temps. Plutarque rapporte l'histoire d'une pierre noire, dure, poreuse et grande comme un charriot, qui tomba dans la Thrace, et que l'on conserva longtemps. Pline en parle aussi. Anaxagore s'efforça de prouver à ses contemporains qu'elle s'était détachée d'un astre ; il appuyait son opinion sur ce que ce corps avait été vu flottant dans les airs pendant deux mois : il ressemblait à une étoile par son éclat et par son éloignement, et sa chute fut précédée de celle de plusieurs autres petites pierres qui s'en détachaient sous forme d'étincelle.

Sans parler de la pluie de pierres qui accabla les ennemis de Josué, l'histoire des peuples en rapporte une multitude de faits incontestables. Tite-Live en cite plusieurs, entre autres, la chute d'un grand nombre de ces pierres sur le mont Albin ; les Romains incrédules, envoyèrent vérifier le fait. En France, on a vu les uranolithes d'Alsace, en 1492, pesant trois cents livres ; celui de Provence, en 1636, plus petit, mais qui tomba dans un état d'incandescence. On en cite un grand nombre d'autres. On a trouvé, en Amérique et en d'autres contrées, des masses énormes très-semblables à des aérolithes, et contenant du fer à l'état métallique.

On trouve dans les Commentaires de César, une observation remarquable : « Au mois de février, vers la seconde veille de la nuit, un nuage épais s'éleva subitement; il fut suivi d'une pluie de pierres, et les pointes des piques de la cinquième légion se couvrirent de flammes. » (*De bello afric.*, c. 6.)

Les ouvrages scientifiques sont pleins d'observations de ce genre. Cependant, l'existence des uranolithes n'est officiellement reconnue en France que depuis 1803, qu'une pluie de pierres eut lieu à l'Aigle (Orne). Le Gouvernement nomma une commission de savants, qui constata le fait d'une manière authentique et fit l'analyse des aérolithes. Depuis lors, on ne manque pas d'en observer presque chaque année.

Toutes les fois qu'on a pu assister, pour ainsi dire, à leur naissance, on a observé qu'elle était précédée et accompagnée d'un nuage. Le fait d'un nuage avant-coureur paraît avoir été constaté pour les aurores cosmiques et d'autres météores. De violentes détonations ont souvent aussi été entendues : souvent aussi on n'a rien entendu, à cause, sans doute, du grand éloignement des aérolithes ; car il est probable qu'il ne se forme pas d'uranolithe sans un bruit quelconque. Ce bruit, plus ou moins semblable à un coup de canon, peut être rapporté à la rapidité avec laquelle les molécules composantes se sont enflammées au moment de la combinaison, et condensées par le froid excessif du milieu où elles se trouvent. Un bruit devrait peut-être aussi se faire entendre lors de la combinaison des mo-

lécules qui forment les étoiles filantes ; leur éloignement s'oppose probablement à ce qu'on l'entende :
le capitaine Franklin l'a constaté pour les aurores cosmiques, pendant lesquelles on entend un immense
pétillement, et quelquefois de petites détonations.

La fusion des principes constitutifs des corps ura-
niques au moment de leur formation, peut passer pour
un fait irrécusable ; il suffit pour expliquer la vitrifica-
tion de la surface des uranolithes. C'est absolument le
même fait que celui de la formation de la terre par
une matière gazeuse, d'après les théories modernes,
avec la différence que le fait des aérolithes est vrai,
parce que la matière qui concourt à leur formation
n'est pas chaotique, mais parfaitement et *minéralement*
animée. Une autre observation bien remarquable, c'est
l'uniformité de leur composition, qui leur assigne à
tous une origine commune. La silice, le fer, la manganèse, le soufre, le nikel, la magnésie, le chrôme, le
carbone, et quelques autres minéraux moins constants,
s'y retrouvent à peu près toujours, mais en proportions variables ; le carbone surtout abonde parfois ;
d'autres fois, il y est en très-faible quantité.

Maintenant, si l'on pense que la terre n'est que
comme un point dans l'espace, que les uranolithes y
tombent néanmoins fréquemment, que pour un qui
est aperçu, il doit en tomber vingt autres qui ne le
sont pas, parce qu'ils se perdent dans les déserts, dans
l'océan, ou qu'ils sont trop petits, on sera forcé de
conclure que le nombre des aérolithes est très-consi-

dérable, et qu'il en doit tomber partout ailleurs, sur le soleil, par exemple, en nombre presque infini; car l'on ne peut pas dire que ces corps se forment dans l'atmosphère. M. Gay-Lussac a fait voir que leurs masses ne pouvaient pas être formées aux dépens des molécules élémentaires répandues dans cet espace, parce que la soustraction subite d'une si grande quantité de matière ne pouvait s'accorder avec les observations physiques. D'ailleurs, cette atmosphère, dont la composition homogène est si nécessaire à tous les êtres organisés, en subirait des modifications si rapides et si profondes, qu'il deviendrait facile de constater le fait.

On pourrait dire du moins : ces corps se formant aux dépens de la matière cosmique que les courants emportent à la manière des courants d'une pile, la terre, à la longue, doit diminuer de poids. A la bonne heure; mais cette perte est compensée par la matière des uranolithes qui nous arrivent, et par d'autres échanges moins appréciables aux sens, mais non moins réels.

Qu'on nous permette une dernière réflexion. Ne serait-il pas raisonnable d'attribuer quelquefois leur formation aux combinaisons qui peuvent avoir lieu par le concours de diverses circonstances dans la matière des comètes? Il est même probable que la nébulosité de ces dernières une fois condensée, ne doit pas occuper un volume plus considérable que celui de certains uranolithes, de celui, par exemple, dont on trouve l'histoire dans le tome 6 des *Transactions philoso-phiques* ; sa masse était prodigieuse : il passa, dit-on, à dix lieues de la surface du Connecticult ; sa course, extrêmement rapide, était parallèle à l'horizon. Sa vitesse a-t-elle été assez considérable pour lui faire surmonter la force attractive de notre planète, ou est-il tombé au loin dans l'Océan ?

§ VIII.

FORMATION DES ASTRES. — MOUVEMENTS DE LA TERRE. — LUMIÈRE SOLAIRE.

Quis enarrabit cœlorum rationem ? Job. (XXXVIII-37.) Qui parlera dignement de la disposition des cieux ? Tout y est marqué au sceau de la majesté et de la toute-puissance divines.

Déjà le firmament existe entre le ciel et la terre; déjà le cœur de l'univers est formé, et nous pouvons nous faire une idée de l'état des eaux supérieures, eaux génératrices, matière nébuleuse, élastique, dont la sagesse éternelle avait enveloppé l'objet de ses délices, le futur séjur de l'homme. *Et sicut nebula texi omnem terram.* (Eccl. XXIV-6.) Nous pouvons nous faire une idée de la lumière cosmique, de la lumière primitive que cette même sagesse a fait jaillir des ténèbres : *Dixit de tenebris lumen splendescere* (2 Cor. IV-6); *Ego feci in cœlis ut oriretur lumen indeficiens* (Eccl. XXIV-6); nous pouvons même nous représenter comment elle s'y prit pour diviser l'abîme universel, composer les astres, étendre le firmament, et tout assujétir à une loi fixe, à des mouvements gyratoires constants : *Quando certa lege, et gyro vallabat abyssos.* (Prov. VIII-27.) Car, c'est d'après les instructions de la sagesse, que nous avons parlé, et nous savons qu'elle était avec le Tout-Puissant quand il préparait notre demeure : *Quandò præparabat cœlos aderam (Ibid).* Elle y était disposant toutes choses avec lui, se délectant pendant les jours de la création, jouant dans l'univers, et faisant ses délices d'être avec les enfants des hommes : *Ludens in orbe terrarum et deliciæ meæ esse cum filiis hominum* (Prov. VIII-30-31); elle enfin qui seule a fait le tour du ciel : *Gyrum cœli circuivi sola.* (Eccl. XXIV-8.)

Voyez-vous maintenant le firmament s'étendre, les masses nébuleuses s'agglomérer en astres, et tourbillonner dans l'espace au sein de la lumière, le ciel enfin s'orner et s'achever ? Ainsi Dieu l'a voulu. *Spiritus ejus ornavit cœlos* (Job. XXVI-13.)

Dixit autem Deus fiant luminaria in firmamento cœli, etc... (Gen. I-14.) *Et posuit ea in firmamento cœli.....* (*Ibid.* 17.) Dieu fit les luminaires et les plaça dans le firmament du ciel.

« *Adunque*, dit le P. Nicolaï, *in uno stesso e solo cielo sono tutti y pianetti e le stelle.* » (*Op. cit.*, t. **2**, lec. **7**, p. 28.) Ainsi le ciel comprend même l'espace lunaire.

Au quatrième jour, mêmes agglomérations, mêmes

condensations pour la matière supérieure que pour la matière inférieure. Nous ne répéterons point ici ce que nous avons dit en parlant de la terre. Maintenant, les eaux supérieures, cette matière primitive, élastique, coulante, n'est plus aqueuse, elle est la matière des astres. Chacun d'eux, par l'agglomération de sa part de molécules élémentaires, balance dans le ciel sa masse lumineuse, soutenue par le firmament, par la ténuité même de l'espace. Les platoniciens ne l'ignoraient pas, puisqu'ils disaient que le firmament comprime tout et forme le lien de toute la création : *Firmamentum constringere omnia... continuitatis esse causam.* (Procl. théol. Plat., liv. 4. c. 16.) Et c'est à travers cet espace, qu'ils exercent l'un sur l'autre un échange d'action positive et négative, à peu près comme les sphères électrisées de nos cabinets de physique, qui s'attirent ou se repoussent alternativement et à distance. C'est cette action mutuelle, ce *consensus* harmonique, qui nous a fait dire que, dans le firmament, il n'y a plus désormais de place astronomique pour aucun corps nouveau.

Qu'elle est donc puissante, cette force luminique ! Elle l'est d'autant plus qu'elle est *une* : *Et cùm sit una omnia potest; et in se permanens omnia innovat.* (Sap. VII - 27) C'est qu'elle est l'action de Dieu : action lumineuse dans l'univers-copie comme dans l'univers-typique, dans les êtres matériels comme dans les êtres immatériels.

Pour plus de concision, nous allons nous borner à parler du mouvement de la terre; nous dirons ensuite en quoi consiste la lumière solaire, et quels furent les effets de la rotation sur la constitution primitive du globe. Enfin nous donnerons quelques notions générales du ciel.

Mouvements de la terre. A mesure que la masse nébuleuse, qui succéda au chaos, se divisa (*vallabat abyssos*), et que chacune de ses parties fut soumise à la fixité de la loi universelle, la terre dut s'ébranler pour suivre le mouvement qui lui était communiqué par les agglomérations les plus voisines et les plus influentes. Mais bientôt la masse du soleil concentra toutes ses molécules, et son action sur notre planète ne fut plus contrebalancée par les autres masses, qui allèrent peupler l'éther de notre système, pendant que la matière répandue dans l'espace s'y agglomérait et se constituait en astres. Alors, selon M. Chaubard (*op. cit.*, *Théorie du règ. sidéral*, p. 367), l'hémisphère de la terre, tourné vers le soleil et animé de son action positive, dut être repoussé, quand elle se fut mise en équilibre par l'action du soleil ; en même temps, l'autre hémisphère, encore à l'état négatif, attiré au contraire par l'action toujours positive du soleil, s'est porté au-devant de lui par le même mouvement qui forçait l'hémisphère positif à s'en éloigner ; et ainsi commença la rotation du globe sur son axe. De plus, ce mouvement, attractif d'une part et répulsif de l'autre, s'exerçant dans le même sens, il en est résulté un autre : un mouvement de circumduction autour du soleil, que la terre accomplit en un an, tandis que le soleil se borne à tourner sur lui-même par la centralisation de toutes les actions et réactions des astres de son système.

Telle est l'origine, bien simple, des mouvements sidéraux, de l'attraction astronomique, de l'harmonie céleste ; c'est toujours le même agent qui, en achevant l'organisation de l'univers, met le sceau à sa beauté générale par ses deux actions contraires, prépare à l'homme les signes d'après lesquels il réglera les saisons, les mois et les années, et établit enfin la succession des jours et des nuits, l'alternance de la lumière et des ténèbres.

Ainsi les phénomènes astronomiques rentrent dans les attributions de la physique. Car enfin, pourquoi Dieu aurait-il eu besoin de deux modes d'action ? Est-ce qu'un atome et un univers ne sont pas des choses égales devant lui ? Et tout ce qui est visible a-t-il quelque autre importance à ses yeux que celle du néant ? *Quasi nihilum reputatum est* (Is. XI-17).

Mais, dira-t-on, la terre ne décrit pas une orbite parfaitement circulaire autour du soleil ? C'est vrai, mais c'est nécessaire. Du moment que l'échange de leurs forces peut s'exécuter régulièrement entre le soleil et la terre, celle-ci dut s'en approcher dans sa course gyratoire, jusqu'à ce qu'elle eût acquis la force positive ; c'est le point de son périhélie. Mais, dès ce moment aussi, elle dut être repoussée à l'aphélie, jusqu'à ce qu'ayant perdu la force positive, et se trouvant réduite à son plus haut degré négatif, le soleil recommençât à l'attirer ; dès lors, le cercle qu'elle décrivit dans l'espace n'a pu être un rond parfait, mais une ellipse ; et c'est le cas de toutes les planètes.

C'est aussi ce qui explique comment les comètes, dans leur course incertaine, s'approchent des centres positifs jusqu'à ce qu'elles soient animées de leur force, pour s'en éloigner ensuite, et s'en rapprocher encore, quand elles seront devenues négatives, mais plus lentement, à moins que leur première vitesse ne les ait poussées dans un autre système, On comprend par là ce que nous avons déjà dit, que les comètes se condensent en acquérant la force positive, et se dilatent à mesure qu'elles la perdent. On se souvient à ce sujet des comètes de 1680 et 1843, qui traversèrent l'atmosphère du soleil, et l'on comprend comment elles ne purent joindre leurs masses à la sienne, puisqu'elles ont dû en être repoussées, du moment qu'elles ont été rendues positives.

Lumière solaire. Mais il y a dans le passage de ces comètes à travers l'atmosphère du soleil, un fait plus remarquable encore, et qui est en opposition avec la théorie dominante de la lumière. Comment ces astéroïdes n'ont-ils point été décomposés par la photosphère incandescente du soleil, si cette incandescence existe ? On a tu cette difficulté, parce qu'on a besoin que le feu inimaginable de cette surface de l'atmosphère du soleil vienne nous réchauffer à 35 millions de lieues sans réchauffer l'espace (1) : telle est la nécessité où

____

(1) *Sans réchauffer l'espace :* On conçoit le froid qui règne sur

se trouve la science avec sa théorie de la lumière, et elle supplée à ce défaut en admettant la réflexion des rayons solaires à la surface du globe, comme la cause de sa chaleur, séparant ainsi la chaleur de la lumière, puisque la lumière proviendrait des ondulations et des vibrations de l'éther. D'ailleurs elle dépasse outre mesure toutes les données de la physique sur la réflexion, même quand elle voudrait comparer la surface convexe de notre globe à un miroir métallique concave et poli. Mais ceci nous entraînerait à parler de la lumière de la lune, et nous ne voulons pas aller si loin.

Dans la théorie des échanges réciproques d'action positive et négative entre les astres, on conçoit très-bien la lumière sensible qui en est le produit, par la combinaison des molécules élémentaires poussées par les courants cosmiques et héliaques. Et ceci ne fait qu'expliquer les propositions de Newton et de Laplace, en y joignant la distinction importante que nous avons faite entre l'immatérialité de la force universelle et la matérialité du phénomène lumière; car, ces grands hommes pensaient que la lumière était composée de molécules d'une excessive ténuité, dont la vitesse était d'environ 70 mille lieues par seconde. On ne peut donc plus confondre le mouvement de la matière avec la force à laquelle il est dû ; sans cela, d'où viendrait

---

le sommet des hautes montagnes. Les aéronautes en souffrent beaucoup quand ils sont arrivés à une certaine hauteur, même au milieu des plus fortes chaleurs de l'été. C'est ce que nous avons éprouvé nous-même, au milieu de l'été, sur les Pyrénées et les Alpes.

cette vitesse à la lumière? car, si elle est matérielle, elle ne peut pas se mouvoir d'elle-même. Nous ne reviendrons pas sur ce que nous avons dit en parlant de celle des trois premiers jours; elle ne diffère de celle du soleil que par l'éclat qu'elle doit à l'action positive de ce centre de notre système. Enfin, l'on comprend dès lors comment l'atmosphère du soleil se laisse pénétrer par des masses cométaires.

D'ailleurs, cette théorie trouve encore des appuis dans les opinions d'Herschell, au sujet de la photosphère solaire qui, selon lui, serait due à des courants électriques. Woodward croyait aussi que l'électricité jouait le principal rôle dans la constitution du soleil; les savants d'aujourd'hui, par leur zèle et par l'importance de leurs travaux, progressent sans césse dans cette voie large et féconde. M. Forichon, s'appuyant sur eux, a pu dire il y a dix ans, : « Puisque la lumière jaillit partout du sein de la nature, le soleil pourrait bien n'être chargé que du soin de nous la manifester. » On veut que ce soit en mettant l'éther en mouvement, c'est-à-dire qu'on veut expliquer un fait par un mystère : et pourquoi ne serait-ce pas par des réactions !

§ IX.

EFFETS DE LA ROTATION DU GLOBE SUR SA CONSTITUTION.

Si l'on a bien saisi l'exposé de notre cosmogonie et ses relations intimes avec le récit de Moïse, on comprendra aisément pourquoi la terre n'a commencé à tourner sur elle-même que le quatrième jour de la création. Cette opinion, loin de répugner à la science, peut seule faire disparaître les difficultés que les lois de Kepler, de Newton et des autres astronomes rencontrent dans les mouvements sidéraux et dans les phénomènes lumineux des corps célestes.

Il est bien certain que le soleil, la lune et les étoiles ne furent créés et mis en relation avec la terre que le quatrième jour : donc la terre n'a dû commencer à tourner sur son axe que ce jour ; il n'y avait point de raison pour que ce mouvement de rotation se fît plus tôt. L'auteur catholique le plus libre est forcé de l'avouer, alors même qu'il croirait à la formation du soleil avant le quatrième jour. Il est donc évident, d'après l'écrivain sacré, que l'ordre astronomique n'a commencé qu'à cette parole divine : *fiant luminaria, etc.....*

La grande raison qui a porté les savants à croire que le mouvement de rotation de notre planète a commencé pendant sa formation, est prise de sa forme.

On a dit : le terre a dû tourner sur son axe pendant qu'elle était encore fluide. M. Chaubard, dans ses *Éléments de Géologie* (2ᵉ édit. p. 81), croit que son mouvement de rotation a commencé pendant que les matières cosmiques s'aggloméraient M. Marcel de Serres, après Laplace et un grand nombre d'autres, pensent que le mouvement eut lieu pendant que la terre était encore à l'état gazeux. Nous ne pouvons admettre cette hypothèse, et voici pourquoi.

La terre, comme on sait, n'est pas exactement ronde. Son diamètre à l'équateur a quatorze lieues de plus que celui qui est pris d'un pôle à l'autre. La terre est donc un sphéroïde renflé à l'équateur et aplati aux pôles. C'est justement la forme que prend un globe qu'on fait tourner sur son axe : la célèbre expérience de la sphère en cuir bouilli l'a démontré. Or, la terre, avec une croûte solide de quelques lieues, et telle qu'elle était au quatrième jour, a dû se comporter de la même manière. Sa croûte, fût-elle de vingt lieues, ce qui est très- probablement exagéré, ne serait cependant pas plus épaisse que celle de la sphère de cuir, comparativement à son diamètre, de manière que le globe terrestre a pu tout aussi bien prendre sa forme le quatrième que le premier jour. Mais, quand il n'y aurait que le texte sacré pour appuyer cette opinion, cette autorité devrait l'emporter sur toute autre : la Bible pourrait en attendre la démonstration physique. Bergier dit très-bien, avec les auteurs de la *Physique du monde*, que, pour s'aplatir aux pôles et se renfler à l'équateur, il n'était pas nécessaire que le globe fût fluide. Tout prouve au contraire que son mouvement de rotation a dû commencer après la formation de ses couches solides : les failles nombreuses, les crevasses et tous les accidents de ce genre qui les sillonnent, le disent assez, et forcent le géologue impartial à trouver une autre cause que la fluidité. En attendant que cette cause soit exposée avec détail dans les chapitres suivants, nous nous contenterons ici d'une raison qui a bien aussi sa valeur.

Personne ne peut nier que les calculs de Newton, de Clairault, de La Caille, aussi bien que ceux de Laplace, sur la constitution physique du globe, prouvent l'inégalité du sphéroïde terrestre (1), c'est-à-dire l'irrégularité de son niveau moyen. Et la preuve en est encore dans l'inégalité des lignes isothermes ; dans l'irrégularité des déviations de la boussole sous les mêmes latitudes ; dans la variation de la température souterraine en divers points et aux mêmes profondeurs ; dans la diversité des mesures géodésiques des divers arcs du méridien en Suède et en France ; et dans les évaluations de M. Mudge. Enfin, la commission spéciale de nos plus grands astronomes, Delambre, Méchain, Blot et Arago, a démontré que tous les méridiens terrestres ne sont pas des ellipses parfaites, et que par conséquent la terre n'est pas un solide parfait de révolution.

----

(1) On peut voir sur ce sujet l'ouvrage de M. l'abbé Forichon : *Examen des quest. scientif.*, p. 53 *et seq.*

On pourra nous dire que le mouvement de rotation ayant pu être suspendu dans la suite, sous Josué, par exemple, l'irrégularité du sphéroïde peut s'expliquer par là ; mais alors nous répondrons que, si la croûte terrestre a pu être modifiée au milieu des temps, rien ne peut s'opposer à croire qu'elle l'a été dès le quatrième jour de la création.

Des raisons d'un autre ordre viennent corroborer cette dernière opinion. Nous avons vu que la formation du bassin des mers avait entraîné celle des continents et de plusieurs montagnes. Les eaux terrestres nécessaires aux végétaux devaient avoir un cours pour arroser la surface de la terre. Mais quand les animaux apparaîtront sur la terre, Dieu leur préparera des eaux mieux distribuées, plus appropriées à leurs besoins : *Potabunt omnes bestiæ agri* (Ps. 103) ; il leur ménagera des retraites plus sûres, des régions mieux adaptées aux instincts, aux nécessités de tous. Les arbres serviront de demeure aux oiseaux ordinaires : *Illic passeres nidificabunt* (ibid. 17) ; mais il faut des antres solitaires aux vautours, des creux de rochers aux hérissons, des montagnes plus nombreuses et plus hautes pour les bêtes fauves : *Montes excelsi cervis, petra refugium herinaciis.* (Ibid. 18.) Enfin, il faut un sol aussi varié pour la culture que riche en minéraux et en filons métalliques, pour l'homme qui doit venir prendre possession du monde au nom du Créateur.

Tout cela est l'effet d'un seul mouvement de rotation; car, dès qu'il eut lieu, les couches terrestres se sont soulevées en se brisant çà et là vers l'équateur, tandis que le noyau fluide projetait par les crevasses des coulées de granit d'épanchement, des porphyres, des syénites; et se bornait, en d'autres lieux, à porter les couches solides à une grande élévation, en les tourmentant plus ou moins. Au contraire, vers les pôles, la croûte terrestre s'est affaissée, en se brisant aussi, pour s'appliquer sur le même noyau qui fuyait vers l'équateur. Voilà encore une puissante cause de modification des terrains primitifs, que la géologie doit accepter pour vaincre les innombrables difficultés qui s'opposent à une exacte classification. Il ne serait donc pas impossible qu'on trouvât un jour des fossiles végétaux au-dessus des granits d'épanchement, qu'il ne faudra pas prendre pour le granit primitivement déposé.

La mer a dû se déplacer un peu par la première impulsion du globe qui commençait à tourner, mais pour revenir aussitôt dans les bassins, après avoir sans doute déposé sur la terre des débris de roches, diverses substances minérales, et enseveli quelques végétaux. Dès lors le géologue n'aurait pas à s'étonner de découvrir certains matériaux de transport au-dessous des terrains de transition, et même des roches d'épanchement anciennes et des fossiles végétaux. Enfin, les eaux, dans leur mouvement d'élévation sous l'équateur, et, aussitôt après, d'expansion vers les pôles, ont dû altérer la forme de la terre ferme, et combiner leur action aux soulèvements et aux affaissements, pour diviser le continent primitif.

§ X.

CONSTITUTION DU CIEL. — LIEU DE L'UNIVERS.

Les plus savants astronomes ont repoussé, dit M. Arago, toute idée de dispersion fortuite et confuse des astres. Les intervalles inégaux qu'on observe entre les étoiles, ne sont dus qu'à la diversité des points de vue sous lesquels elles se présentent à nous, à la grandeur relative de leurs masses, et à l'invisibilité des astres intermédiaires.

Kent admet une disposition systématique des astres autour d'un plan fondamental; Lambert veut qu'ils soient répartis uniformément dans l'univers, et que notre système en occupe le centre ; Tycho-Brahé admettait l'ancien système géocentrique combiné avec le mouvement annuel de la terre autour du soleil ; Herschell, dans ses beaux travaux sur la voie lactée, pense que notre soleil est une des étoiles qui la composent et qu'il en occupe le centre. Il donne à l'univers la forme d'une immense meule de moulin, dont l'axe passerait par le centre de notre système.

Oui, sans doute, l'univers étant l'œuvre de la sagesse infinie, doit être parfaitement coordonné et soumis à l'unité de son action ; car les cieux racontent sa gloire, sa beauté reluit dans le firmament : c'est une vision de gloire : *Altitudinis firmamentum pulchritudo ejus est, species cœli in visione gloriæ* (Eccl. XLIII-1). Et nous le concevons d'autant mieux ainsi, qu'un système soutient l'autre, que tout s'enchaîne, et que tous les mouvements se correspondent. C'est la contemplation de ce plan magnifique qui conduisit Bode, directeur de l'observatoire de Berlin, à un résultat extraordinairement remarquable pour notre système. Après s'être assuré que les planètes se succèdent dans leur distance du soleil, suivant une loi régulière représentée par des nombres conventionnels, en les doublant chaque fois et en les augmentant du nombre 4, il se convainquit qu'il y avait une lacune entre Mars et Jupiter, et annonça qu'il devait s'y trouver une planète jusque-là inaperçue. Cette lacune a été remplie par la découverte des quatre planètes télescopiques (1).

Quant à l'étendue du ciel, il est facile de s'en faire une idée. Herschell avait reconnu que, pour en faire la revue avec son télescope de 39 pieds anglais (et un grossissement de mille fois), de telle manière que le champ de l'instrument eût été dirigé un seul instant

---

(1) La proportion de Bode était représentée par 0, 3, 6, 12, 24, 48, 96, 192, plus le nombre 4 ; ce qui donne 4, 7, 10, 16, 28, 52, 100, 196.

4 était supposé la distance de Mercure au soleil, 7 celle de Vénus, 10 celle de la Terre, 16 celle de Mars ; 28, qui ne correspondait à rien, correspond aujourd'hui aux planètes télescopiques Cérès, Pallas, Junon et Vesta ; 52 représentait la distance de Jupiter au Soleil, 100 celle de Saturne, 196 celle d'Uranus. (*Ann. du bur. des longit.* 1842, p. 545.)

vers chaque point de l'espace, il ne lui eût pas fallu moins de huit cents ans ! Cet astronome célèbre comptait les étoiles par milliers dans ces points du ciel où l'œil n'en voit aucune (1).

Un observateur qui serait placé aux confins de l'univers, dit M. Arago, se déroberait la vue de notre soleil et de tout son cortège de planètes par un simple fil de soie, quoique le disque seul du soleil occupe un espace qui comprendrait la terre, jusqu'à cent mille lieues au-dela de la lune. Les étoiles paraissent immobiles, tant elles sont éloignées, et pourtant MM. Arago et Mathieu ont démontré que l'une des plus fixes en apparence (la 61ᵉ du Cygne), parcourt au moins tous les ans un orbite de 40 millions de millions de lieues. (*Ann. du bur. des longit.* 1834.)

On a fait des calculs prodigieux pour faire comprendre l'éloignement des étoiles; c'est par trillions qu'il faut compter les lieues. Un boulet de canon, sortant d'une pièce de 24, mettrait au moins 22 millions d'années pour nous venir de la 61ᵉ du Cygne.

Une étoile de moyenne grandeur, qui serait créée

---

(1). Une *nébuleuse résoluble,* ou stellaire, dit M. Arago, « dont le diamètre est d'environ dix minutes, dont l'étendue superficielle apparente est à peine égale au dixième de celle du disque lunaire, ne renferme pas moins de *vingt mille étoiles.* » (*Ann.* 1842, p. 423.)

Un peu plus loin (p. 236), on lit l'étonnant calcul qui démontre que le volume d'une telle nébuleuse est 2 trillons de fois aussi gros que celui du soleil.

tout-à-coup, ne serait vue qu'après mille ans (1), encore que la lumière fasse 70 mille lieues par seconde, et il faudrait un demi-million d'années à certaines nébuleuses pour nous envoyer la leur. Ainsi, d'après cela, les changements observés aujourd'hui dans les masses lumineuses, auraient 500 mille ans d'existence. (*Ann. bur. des longit.* 1842.)

Ces calculs ne peuvent faire croire à une durée du ciel, qui remonterait à 500 mille ans et plus ; car cette propagation de la lumière n'a jamais eu de commencement, dans le sens qu'on lui donne. Dans notre théorie cosmogonique, tous les astres proviennent d'un amas unique, chaotique d'abord, puis animé par la force luminique. Cet amas se divisa pour peupler le firmament d'astres de toute espèce, et la lumière sensible n'a jamais cessé d'accompagner les courants ou effluves de l'agent universel, et par conséquent de rattacher les astres les uns aux autres.

Ces calculs nous donnent une idée de la grandeur de celui qui a fait toutes choses. Qu'il est donc grand, le Dieu qui a créé cet univers comme en se jouant, *ludens in orbe terrarum !* Et que c'est de grand cœur que nous devons nous unir aux célestes intelligences qui nous invitent à ne trouver de beau, de grand, que Dieu, et à ne louer que lui : *Benedicentes Dominum, exaltate illum quantum potestis..... major enim est*

---

(1) Pour les dernières étoiles visibles avec un télescope de vingt pieds, dit encore M. Arago, la lumière ne serait visible qu'après 2,700 ans. (*Ann.* 1842, p. 360.)

omni laude (Eccl. XLIII-33); lui, dont le regard est toujours appliqué à ses œuvres : *Ipse enim fines mundi intuetur; et omnia quæ sub cœlo sunt respicit* (Job. XXVIII-24); lui, qui a répandu pour nous tant de variété et d'éclat dans le firmament : *Species cœli gloria stellarum, mundum illuminans in excelsis* (Eccl. XLIII-10); car telle est la destination de tous les astres : *Ut lucerent super terram.* (Gen. I-17.) Il se trouvera bien des gens qui diront : Mais à quoi bon ces astres télescopiques, ces étoiles, ces nébuleuses, cachés à tous les yeux? A quoi bon? à nous parler de Dieu, à nous indiquer quelle est l'immensité de l'univers, à donner de l'occupation aux hommes : *Et mundum tradidit disputationi eorum, ut non inveniat homo opus, quod operatus est Deus ab initio usque ad finem.* (Eccl. III-11.) Mais ne voyez-vous pas que tout est abîme autour de nous? Descendez du ciel et contemplez les mondes d'êtres infiniment petits. Pourquoi Dieu les a-t-il répandus avec profusion partout pour n'être jamais vus? A part quelques savants et quelques curieux, quel homme se doute que le verre d'eau qu'il boit est un océan sans limites pour des millions d'êtres organisés et vivants?

Lieu de l'univers. L'univers est en Dieu; c'est la réponse par excellence : *In ipso enim vivimus, et movemur, et sumus.* (Act. apost. XVII-28.) Cependant, n'y a-t-il rien de plus à dire? Nous concevons qu'un astre en attire, en repousse, en contient un autre; qu'un système se soutient par d'autres systèmes; mais enfin, le créé est borné. Faut-il nous représenter l'univers comme un point dans l'immensité de Dieu ? Qu'est-ce que cette immensité, attribut de l'Être infini et nécessaire? Enfin, qui soutient l'univers ? où sont ses limites ?

Les trois cieux dont parle l'Écriture, peuvent être pris pour le ciel planétaire, le ciel stellaire et le ciel où fut ravi l'apôtre saint Paul, le ciel de la gloire. Le ciel habité au centre par l'homme serait donc le premier ; le ciel des étoiles serait le second ; et ces deux cieux seraient l'univers créé, le lieu de la matière : alors les cieux des cieux, *Cœli cœlorum*, ou le troisième ciel, engloberait l'univers : *Gyravit cœlum in circuitu gloriæ suæ* (Eccl. XLIII-13).

Halley, parlant des nébuleuses d'*Orion* et d'*Andromède*, avance « qu'en réalité ces *taches* ne sont autre chose que la lumière venant d'un espace immense, situé dans les régions de l'éther, rempli d'un milieu diffus et lumineux par lui-même. »

Aux yeux de tous les astronomes, la lumière de certains points du ciel offre un aspect si spécial, qu'elle leur a donné l'idée d'une région de lumière située au-delà de l'univers, dont ces points seraient comme des rayons.

Le ministre Derham n'est pas moins explicite que Halley : « La lumière des nébuleuses ne saurait être pour lui celle d'une aggrégation d'étoiles. Il va même jusqu'à se demander si, comme beaucoup de savants le croyaient jadis, il n'y aurait pas, au-delà de la sphère des étoiles les plus éloignées, une région *entièrement lumineuse*, un ciel empyrée, et si les nébuleuses ne seraient pas cette région éclatante, vue à travers une ouverture, une brèche de la sphère. »

Voltaire, qui avait peut-être vu quelque chose de religieux dans ce passage de Derham, s'en est moqué dans un de ses romans : « Micromégas, dit-il, parcourut la voie lactée en peu de temps, et je suis obligé d'avouer qu'il ne vit jamais, à travers les étoiles dont elle est semée, ce beau ciel empyrée que l'illustre vicaire de Derham se vante d'avoir vu au bout de sa lunette. » (1)

Mais Voltaire ignorait, ou feignait d'ignorer, que l'astronome Derham n'était pas l'inventeur du ciel empyrée ; et, sans parler des écrivains catholiques, Anaxagoras prétendait que l'univers était entouré de feu. La formule de l'ancienne école était que l'empyrée devait son nom à l'éclat et non à l'incandescence : *Non ab ardore, sed à splendore.* Sénèque avait dit : il se forme quelquefois dans le ciel des ouvertures par lesquelles on aperçoit la flamme qui en occupe le fond ; et Porphyre voyait, dans les diverses opinions sur l'empyrée, les variantes d'une ancienne tradition sur le ciel de la gloire. Enfin Huygens, la lunette à la main, et observant Orion, a rendu ainsi ce

----

(1) Ces diverses citations sont extraites de la Notice de M. Arago sur Herschell. (*Annuaire du bur. des longit. pour l'année* 1842, p. 428.)

qu'il voyait : « On dirait que la voûte céleste, s'étant entr'ouverte dans cette partie, laisse voir par delà des régions plus lumineuses » (Cité par M. Arago. *Ibid.*)

Quelle que soit la conclusion qu'on tire de tout cela, il est au moins bien certain que tout est en Dieu, tout est dans sa main : *In manu Dei sunt omnes fines terræ* ; et que tout obéit à son bon plaisir : *Columnæ cœli contremiscunt et pavent ad nutum ejus.* (Job. XXVI—11.) L'homme seul a le fatal privilége de lui résister et de troubler l'harmonie de ses œuvres ; c'est que lui seul peut l'aimer, le servir librement et mériter ainsi son amour et sa gloire.

Nous pourrions nous arrêter ici, puisque le ciel et la terre sont achevés : *Istæ sunt generationes cœli et terræ* (Gen. II-4); mais nous tenons à réunir, dans le plus petit espace possible, ce qu'on peut dire de plus positif, de plus clair et de plus biblique sur les sciences naturelles qui se lient étroitement à la cosmogonie, afin que le clergé puisse juger avec connaissance de cause entre Moïse et les savants modernes. Continuons à suivre le récit de l'écrivain sacré.

§ XI.

ANIMAUX.

C'est un fait extrêmement digne d'attention

que la composition de plusieurs roches qui ne paraissent être qu'un amas d'animalcules. On trouve à Paris, à Véronne, à Montebalco et en une infinité d'autres lieux, des bancs de calcaire d'une puissance énorme, classés dans les formations *tertiaires*, qui sont exclusivement composés de coquilles microscopiques, connues sous les noms de milliolithes, nummulithes, etc.... Les immenses dépôts de la craie et d'autres couches secondaires sont aussi composées d'une prodigieuse quantité d'infusoires et de mollusques très-petits. Parmi eux, les cythéréas, les nodosarias, les lenticulines, les dioscorbis, se distinguent à l'œil nu. Le tripoli, dont la Bohême (Bilin) possède un banc immense de 4 à 5 mètres d'épaisseur, et que l'on rencontre à Paris et en d'autres lieux, n'est lui-même qu'une roche assez tendre entièrement composée de coquilles siliceuses microscopiques, liées le plus souvent sans ciment appréciable. On y reconnaît plusieurs variétés de ces êtres si long-temps inconnus : les spongillas, les baccillarias, les galionellas, etc... ; et, s'il faut en croire les microscopes, un morceau de tripoli de la grosseur d'un grain de blé en contiendrait 187 millions. M. d'Orbigny a compté jusqu'à 700 espèces de coquilles microscopiques.

De nos jours, il est très-probable que dans la profondeur des mers, ces êtres invisibles préparent des matériaux semblables à ceux dont nous venons de parler, et que la mer a rejetés sur les continents à l'époque du déluge. On connaît fort bien les clios qui pullulent dans les mers du Nord et les méduses qui peuplent les baies du Groenland; on les y compte par milliers dans chaque centimètre cube d'eau, comme les infusoires dans les gouttes d'eau tirée de nos étangs.

Les polypes sont dans le même cas, et Buckland en parle ainsi : « Nous voyons que c'est à eux qu'a été départi l'office de nettoyer les eaux de la mer, et de les purger de toutes les impuretés les plus déliées qui auraient échappé même aux plus petits crustacés. C'est ainsi que certaines tribus d'insectes, à leurs divers degrés d'accroissement, trouvent leur nourriture dans les impuretés qui résultent, sur la surface terrestre, de la décomposition des matières animales et végétales. » (*Géol. et minéral.*, tom. 1, p. 389.)

Mais ce ne sont pas là encore les animaux les plus petits. L'air en est rempli; leurs œufs circulent dans les canaux des végétaux et avec le sang des animaux ; et, dès que les circonstances sont favorables à leur développement, ils annoncent leur présence et leur multiplication jusqu'à l'infini par des symptômes constants et invariables. Nous ne voyons pas qu'on puisse trouver ailleurs que dans ces générations invisibles d'animaux ou même de végétaux, les maladies qui ravagent quelquefois nos moissons et nos bestiaux. Et ne peut-on pas soupçonner la même cause dans quelques épidémies humaines dont les symptômes et la marche sont toujours les mêmes ?

Nous rappellerons ici, pour les animaux de toute espèce, ce que nous avons dit des végétaux, savoir que tous sont dans l'état de perfection relative au but qu'ils sont destinés à remplir : ils sont parfaitement organisés pour y tendre par les moyens les plus convenables. Leurs types sont invariables et incapables de se transformer les uns dans les autres ; cette vérité a été suffisamment prouvée par beaucoup d'écrivains et surtout par l'observation.

L'homme seul immortel. Tous les êtres organisés qui ont précédé l'homme ont été destinés à vivre les uns des autres ; et nous ne voyons pas en quoi ont pu servir les intérêts de la religion les savants qui ont prétendu le contraire. Les végétaux vivent de leurs propres débris ; les animaux des végétaux et d'autres animaux ; souvent même ils se dévorent les uns les autres quoiqu'ils soient de la même espèce. D'ailleurs, les accidents naturels devaient nécessairement en faire périr plusieurs : une pierre ne tombe pas sans écraser des végétaux et des animaux microscopiques ; un éboulement, une inondation, une éruption de volcan, etc....., détruisent une foule d'êtres. C'est donc bien à tort qu'on a voulu dire que la mort pour les animaux n'a été introduite au monde que par le péché de l'homme. Quoi ! en mangeant des fruits, l'homme ne détruisait-il pas des germes de végétaux ? Faudrait-il donc croire qu'avant son péché il n'y avait pas de plantes annuelles, ou que le bœuf respectait l'herbe des prairies, le lion le chamois, et le requin le thon ? Alors, il serait plus logique de croire à une immobilité complète de ce monde primitif. A l'homme seul était réservée l'immortalité, *Deus creavit hominem inexterminabilem* (Sap. II-23.) parce que lui seul était libre et capable de pécher ; et la peine du péché c'est la mort : *Stipendia enim peccati mors.* (Rom. VI-23.) Lui, le roi de la création, à qui était confié le monde pour qu'il se servît des créatures comme de moyens pour aller à Dieu, son principe, sa fin, son centre, son tout ; lui seul était fait à l'image et à la ressemblance de Dieu, lui seul parmi les êtres visibles avait une intelligence capable de connaître et d'aimer ou de haïr...

Organisation animale. — Quant à l'organisation animale, nous nous bornerons à faire remarquer qu'elle est plus compliquée que celle des végétaux et que par là elle développe plus d'électricité ou de fluide luminique. (1) Il est inutile d'apporter ici des preuves d'une vérité qui n'éprouve aucune contra-

______

(1) Les physiologistes s'obstinent, en général, à n'admettre comme source de la chaleur animale, que le seul acte de la respiration, c'est-à-dire l'action chimique de l'air sur le sang dans les cellules pulmonaires. Mais chaque cellule du corps, chaque maille du tissu cellulaire, cette gangue vitale des organes, n'est-elle pas

diction ; il est évident que le corps se comporte comme une pile centralisée par un système nerveux, et c'est précisément pour cela que le galvanisme, ou l'électricité appliquée au traitement de plusieurs maladies, n'a pas eu le succès qu'on en attendait. Il faudrait d'abord connaître quelle est l'action luminique qui doit être employée, la positive ou la négative ; puis chercher les moyens de l'introduire dans l'économie par les voies convenables, deux problèmes très-difficiles à résoudre. Jusque là, il sera toujours plus rationnel d'agir indirectement, en augmentant les mouvements de la chimie vivante par une nutrition succulente, ou en les diminuant par la diète ou le régime, etc. Ainsi le repos ou l'exercice, les bains et des médicamments simples, tout ce qui modifie les réactions vitales et chimiques de la nutrition, en un mot, tout ce qui exerce quelque influence sur la composition de cette pile vivante auront un effet plus certain sur le corps, que toutes les médications fournies par l'électricité.

Le lecteur sait maintenant qu'il existe dans le corps de l'homme une force vitale qui dégage

---

à son tour le siége de la réaction de ses molécules constituantes sur le sang? Eh bien ! c'est cette réaction interstitielle qui, modifiant sans cesse l'organisme par la nutrition et la dépuration (assimilation, absorption, exhalation), produit les phénomènes d'électricité animale et la chaleur propre des corps organisés.

l'électricité, le magnétisme, le calorique et même la lumière, comme le prouvent les combustions spontanées ; phénomène terrible, genre de mort que les anciens ont probablement ignoré. Cette force y est d'autant plus active que le mouvement de composition et de décomposition est plus rapide, et que les centres nerveux, et les nerfs, sont plus sensibles ; qu'on ajoute à cela la puissance morale exaltée, pervertie, viciée, etc., et l'on comprendra facilement tout l'art merveilleux des magnétiseurs modernes.

Par la circulation, les courants vitaux établissent une communauté d'actions moléculaires qui, centralisées par des noyaux nerveux ou des centres parfaits au moyen de conducteurs très-sensibles appelés nerfs, constituent un organisme, ou un animal. Enfin, et c'est une idée émise depuis long-temps par le docteur Virey (*Grand Dict. des scienc. méd., art.* Nature, tom. 35), un principe se mouvant spontanément après la création de son type, dans chaque animal, ne peut être autre que celui d'une révolution comme le tourbillon circulatoire. Ainsi en retournant sans cesse sur lui-même, il rentre tout en lui, et s'engendre toujours parce qu'il possède son principe d'action et ne disperse pas ses forces. En se maintenant dans l'équilibre et en tout sens, il se rend perpétuel et autocrate ; émanant seulement du point central (le cerveau), il ne suppose aucune étendue nécessaire ; il est indivisible comme le point mathématique, et, tel qu'un principe immatériel, il ne présente qu'une force pure. Sous son influence, les molécules du corps sont incessamment renouvelées sans violence, sans tumulte, par un mouvement perpétuel de nutrition et d'excrétion qui entretient la santé, la chaleur et la vie, après l'avoir portée à son plus haut degré de développement dans l'âge adulte.

Aussi, l'idée d'immortalité est-elle bien plus naturelle que celle de mort. Que le corps de l'homme puisse cesser de vivre, voilà un vrai sujet d'étonnement ; il a fallu pour cela un grand bouleversement dans sa nature, une volonté expresse de celui qui l'avait créé pour l'immortalité. Le mal moral a pu seul causer le plus grand des maux physiques. Encore une fois, Dieu avait créé l'homme immortel ; *Deus creavit hominem inexterminabilem.*

§ XII.

PARADIS TERRESTRE. — MALÉDICTION DE LA TERRE.

Dieu, avant de créer l'homme, lui avait préparé dans l'Éden les végétaux et les animaux nécessaires à son existence et à ses plaisirs.

On pourrait peut-être citer en faveur de ce

sentiment certaines plantes potagères qu'on ne retrouve nulle part à l'état sauvage, et tous les fruits les plus beaux et les plus délicieux. Mais, pour les animaux domestiques, il est certain qu'ils sont un don spécial de la providence. Dieu les a faits pour le service et l'utilité de l'homme. Voyez le chien ; jamais le singe aura-t-il son instinct d'attachement pour l'homme ? Mais écoutons Dieu lui-même parlant à Job, et lui représentant son impuissance à plier à la servitude les animaux qu'il n'y a pas destinés :

Quis dimisit onagrum liberum ?... contemnit multitudinem civitatis, clamorem exactoris non audit. (Job. XXXIX-5, 7.) Qui a donné la liberté à l'âne sauvage ? Vois comme il dédaigne les villes ; il ne connaît la voix d'aucun maître. *Numquid volet rhinoceros servire tibi, aut morabitur ad præsepe tuum ? Numquid alligabis rhinocerota ad arandum loro tuo ? aut confringet glebas vallium post te ?* (Ibid. IX-10.) Et le rhinocéros voudrat-il te servir et demeurer à ta crèche, l'attacheras-tu pour labourer tes champs ?

C'est dans l'Éden que Dieu avait établi les rudiments d'un royaume modèle où l'homme devait puiser les plus utiles leçons d'agriculture et de domination, pour rendre ensuite la terre semblable à ce type de la fécondité et de l'ordre ; car toute la terre devait être habitée par l'homme dans la succession des âges et par sa multiplication indéfinie : *Deus formans terram, et faciens eam, ipse plastes ejus ; non in vanum creavit eam, ut habitaretur formavit eam.* (Is. XLV-18.)

D'après tout ce que nous avons pu lire dans les divers auteurs, sur le paradis terrestre, il nous paraît évident que l'on ne peut en parler d'une autre manière. Les écrivains se sont en général trop attachés à trouver les quatres fleuves qui l'arrosaient, dans la partie de l'Asie où se trouve l'Euphrate. On a même été jusqu'à dire : Pourquoi Moïse aurait-il décrit le paradis terrestre, si cette description ne devait pas trouver son application ? Moïse en a dit quelques mots, afin de constater la vérité et comme pour justifier son assertion ; mais vouloir le retrouver, c'est plus qu'une témérité : on a été en chercher l'emplacement jusque sous les pôles. Si nous commentions le passage de la Genèse qui y a rapport, nous ne manquerions pas de raisons pour penser que la contrée de l'Éden a été profondément modifiée par le déluge. Nous aurons occasion de dire notre opinion sur la modification que cette grande catastrophe a pu apporter à la forme des continents ; mais ici nous ferons remarquer que les descendants de Noé ont dû conserver les premiers noms donnés aux pays habités, et aux principaux fleuves de l'époque antédiluvienne : or, le Phison ne pourrait-il pas avoir disparu sous les eaux de la mer des Indes avec une partie au moins du paradis terrestre ? Et la terre d'Hevilath, que le Phison entourait, ne serait-elle pas la partie orientale de l'Inde ? Par là même, le fleuve Gehon, qui allait vers le sud fertiliser l'Ethiopie, aurait aussi disparu avec une portion de cette terre qui aujourd'hui est complètement séparée de l'Asie. Le Tigre, troisième fleuve qui allait vers l'Assyrie, vers le nord de l'Éden, n'aura conservé que son nom, donné à un fleuve qui en occupe plus ou moins la place, et l'Euphrate, à l'occident, ne serait plus l'ancien fleuve lui-même. Alors l'ancien monde aurait constitué un seul continent arrosé par quatre principaux fleuves, et sans doute plus régulier et moins découpé que ne le sont aujourd'hui l'Asie, l'Europe et l'Afrique.

C'est une opinion assez généralement reçue que le paradis terrestre accupait un espace où était comprise l'île de Ceylan. « *La più universale tralle orientali tradizione*, dit Nicolaï, *è che il terrestre paradiso sia nell'isola, o di Serendib, o, come più ordinarimente s'appella, di Ceylan. (Dissert. sop. Gen. lez. 22*, tom. 2, p. 424.) Il cite divers auteurs où l'on trouve que le Pic-Adam, montagne de Ceylan, fut le lieu où se retira le premier homme pour faire pénitence, et où les mahométans veulent qu'il y ait été exilé par Dieu lui-même. Nous lisons dans *l'histoire de Ceylan*, par le capitaine Ribeiro,

que les naturels de cette île ont une telle dévo-
tion pour la montagne d'Adam, qu'ils se rendent
plusieurs fois par an, en pélerinage, à un temple bâti
à son sommet, où ils vénèrent la mémoire du père du
genre humain. (P. 173 *et seq.*) C'est enfin une tradition que se sont plu à consigner dans leurs écrits plusieurs voyageurs modernes, et l'on connaît l'importance
de telles traditions.

Mais si Ceylan faisait partie du paradis terrestre, la disparition de l'Éden sous les eaux de
la mer des Indes n'en est que plus probable et
même certaine. On sait du reste que, même encore aujourd'hui, l'île de Ceylan est le séjour le
plus délicieux de la terre. Aujourd'hui, dit M. l'abbé
Rhorbacher, l'opinion la plus commune et qui paraît
la mieux fondée, place l'Éden primitif dans l'Arménie,
vers les sources de l'Euphrate, du Tigre, du Phase
et de l'Araxe.

Malédiction de la terre. On nous permettra
de passer sous silence l'histoire de la chute de
l'homme ; il n'entre pas dans notre plan de répéter des choses qui ont été dites avec science et
talent par la plupart des commentateurs de la Bible.
Nous mentionnerons seulement la terrible malédiction
dont Dieu frappa la terre après la faute de notre premier père.

Les traditions orientales en ont conservé le
souvenir. « A peine, disent-elles, l'homme eut
acquis la science du péché, que toutes les créa-

tures devinrent ses ennemis. En moins de trois ou quatre heures, le ciel se changea et l'homme ne fut plus le même. » *(Mém. de* M. Abel Rémusat *sur les Chinois.)*

Quant à la malédiction que Dieu prononça contre la terre, dit le plus moderne historien de l'Église, il est à croire qu'elle se fit sentir, non-seulement par un changement de température, par une diminution de félicité, mais encore par de grands bouleversements. » *(Hist. univ. de l'Égl. cath.* , tom. 1, p. 124.) M. l'abbé Rhorbacher est ici l'interprète de la plupart des écrivains catholiques. Aussi avons-nous recherché si l'on pouvait établir par des raisons plausibles la nature du bouleversement du globe où nous sommes exilés. Nous ne fatiguerons pas nos lecteurs par la discussion des diverses opinions qu'on a émises à ce sujet, il suffira de mentionner les principales d'entre elles.

On a voulu dire que l'inclinaison de l'axe terrestre sur l'écliptique (1) était un effet de la malédiction dont Dieu frappa la terre, et qu'avant cette époque notre planète jouissait d'un printemps perpétuel, tandis qu'après, elle fut sujette à toutes les vicissitudes atmosphériques et aux

---

(1) On sait que l'axe de rotation de la terre n'est point perpendiculaire au plan de son orbite, mais qu'il est incliné de 23 degrés et demi. Cette inclinaison donne lieu à la ligne de l'écliptique parcourue par le soleil aux diverses saisons de l'année.

changements des saisons. Parmi les auteurs qui ont embrassé cette opinion, nous citerons Pluche, parce qu'il est le plus connu. Il fait de la terre, avant la chute d'Adam, un jardin délicieux, et il pense que l'obliquité de l'écliptique n'a commencé qu'au moment de la malédiction qui suivit la désobéissance du premier homme. (*Spect. de la nat.*)

Pour montrer le faible de ce sentiment, il n'est pas nécessaire de discuter la valeur de la fameuse période de 25,000 ans, ni de se perdre dans les calculs de la précession des équinoxes, etc... (1) Voici un raisonnement bien simple : supposons

---

(1) Peut-être aussi cette opinion tire-t-elle son origine d'une tradition antédiluvienne, puisqu'on l'a retrouvée chez les Indiens et chez tous les anciens peuples de l'Asie. (Bailly, *Lettr. sur l'orig. des scien.*, p. 146.) Dans cette hypothèse, Pluche aurait pu appuyer son sentiment par le raisonnement suivant : A cette terrible parole du Tout-Puissant : *Maledicta terra* (Gen. III-17), la terre trembla et commença dès-lors à s'incliner sur son axe. Les premiers hommes, effrayés de la perturbation du globe et de ses effets, auraient conçu l'espérance de temps meilleurs, et auraient légué à leurs descendants cette période de 25 ou plutôt de 26 mille ans, comme devant être le terme de la révolution complète de l'axe terrestre. Il est bon de faire remarquer que cette opinion n'est point le produit du hasard ; elle est le résultat d'un grand calcul astronomique. La période de 25,920 ans est, dit M. Chaubard, justement le chiffre de la révolution des points équinoxiaux, déduite des observations modernes les plus exactes. Plus bas, le même auteur ajoute : « La connaissance de ce chiffre ou de cette révolution de 25,920 ans suppose une astronomie aussi avancée que la nôtre, ou une connaissance de la rétrogradation des équinoxes plus exacte que celle de l'astronomie moderne. » « Le ha-

que la ligne des solstices se confonde avec l'équateur, c'est-à-dire supposons la terre dans l'état où la veut Pluche avant sa malédiction, nous aurons nécessairement encore deux saisons, l'été à l'aphélie et l'hiver au périhélie. Le lecteur se souvient de l'explication que nous en avons donnée plus haut. Ce n'est pas tout : le soleil parcourant toujours la ligne équatoriale, cette zône serait absolument inhabitable, du moins en été, parce qu'elle recevrait sans cesse d'aplomb les rayons brulants de cet astre. De son côté, le pôle et toute la zône glaciale seraient livrés à un froid intolérable et à une nuit éternelle ; en un

---

sard, dit Bailly, ne produit point de pareilles ressemblances. »

Après cela, on a refusé la science à nos premiers parents : opinion absurde et impie, à laquelle nous n'opposons pour le moment que les paroles suivantes de l'écrivain sacré : *Creavit illis scientiam spiritus, sensu implevit cor illorum, et mala et bona ostendit illis. Posuit oculum suum super corda illorum, ostendere illis magnalia operum suorum. Addidit illis disciplinam, et lege vitæ hereditavit illos.* (Eccl. XVII-6-7-9.)

Josèphe, parlant des anciens patriarches, dit que Dieu leur accordait une longue vie, tant à cause de leur vertu que pour leur donner le temps de perfectionner leurs sciences géométriques et astronomiques (*) : *Deinde propter virtutes et gloriosas utilitates, quas jugiter perscrutabantur, id est, astrologiam et geometriam, Deus eis ampliora vivendi spatia condonavit : quæ non ediscere potuissent, nisi sexcentis viverent annis. Per tot enim annorum curricula magnus annus impletur* (Antiq. Josephi, lib. I, cap. 8.) Cette grande année était de 600 ans.

(*) Voyez, à la fin, une note où l'on trouve la raison Physiologique de la prodigieuse longévité des patriarches antédiluviens.

12

mot, ces régions seraient absolument inaccessibles à l'homme. Il ne lui resterait donc que la zône tempérée, vers les tropiques. Et où alors sera donc le printemps éternel et général ?

Ces considérations ont obligé Kell (*Exam. théor. tell.*) à dire que l'obliquité de l'écliptique est originelle et nécessaire, et dans l'ordre de la providence. Le P. Nicolaï penche vers ce sentiment, et on ne peut, ce nous semble, s'en écarter, qu'en supposant un renversement tout à fait hypothétique dans les lois de la nature.

Pour nous, nous nous contenterons de dire et de tenir pour certain, que cette malédiction de la terre après la désobéissance d'Adam, eut des effets funestes sur le moral et sur le physique de l'homme, et sur tout ce qui l'environnne. On ne connaît que trop les désordres moraux. Les maux physiques ne sont pas moins réels. Les maladies, la mort, les fâcheuses influences des éléments viennent du péché de l'homme : *Deus mortem non fecit.* (Sap. 1-13.) Ce ne sont pas seulement les lions et les tigres qui se sont révoltés contre ce roi déchu, ce ne sont pas seulement les rats et les insectes, mais des êtres plus petits encore, des animaux invisibles qui l'éprouvent et le font mourir bien plus sûrement que les bêtes féroces. Nous avons déjà fait entrevoir plus haut cette opinion pathogénique.

Enfin, nous admettons une modification quelconque dans la constitution de l'atmosphère, qui est venu troubler l'harmonie générale. Les trombes, les ouragans, les tempêtes, les sinistres occasionnés par la foudre, les tremblements de terre, les inondations et mille autres fléaux meurtriers, n'existaient pas auparavant ; car, quelle apparence que l'homme eût pu être à couvert de leur action et ne jamais périr par suite de ces sortes d'accidents, si véritablement ils avaient eu lieu comme de nos jours ? La Bible confirme d'ailleurs cette opinion par un passage remarquable que les auteurs modernes passent volontiers sous silence, parce qu'il contrarie singulièrement les systèmes cosmogoniques et géologiques fondés sur les cataclysmes répétés avant la création de l'homme. Voici ce passage.

Il n'avait pas plu sur la terre, dit Moïse, avant que l'homme y eût été installé : *Non enim pluerat dominus Deus super terram, et homo non erat qui operaretur eam. Sed fons ascendebat è terra, irrigans universam superficiem terrœ.* (Gen. II-5-6.) La plupart des commentateurs voient la rosée dans cette source qui s'élevait de terre pour en arroser la surface. On aime à dire qu'il y a des latitudes à peu près exemptes de pluies, même encore aujourd'hui, comme par exemple, l'intérieur de l'Afrique. Il paraît du moins que le système de répartition des eaux à la surface de la terre, a été changé. Mais, pour élucider cette question , il faudrait bien des pages, et, nous l'avouons, une autre science que la nôtre.

§ XIII.

PLURALITÉ DES MONDES.

Nous ne voulons, ni ne pouvons, dans l'état actuel de la science, terminer ce long chapitre sans dire un mot sur la pluralité des mondes. On a cru donner de Dieu une très-haute idée, en supposant qu'il a rattaché à chaque étoile fixe, un système de planètes plus ou moins conforme au nôtre, et installé sur ces globes, jusqu'aux limites de l'univers, des êtres organisés vivants et mêmes pensants.

Esprits téméraires et légers, qui mesurez les pensées de Dieu sur vos propres pensées d'un jour, qui êtes-vous pour tracer des règles de conduite à la Sagesse éternelle ? Qui êtes-vous, pour prononcer sur l'économie incompréhensible des œuvres du Tout-puissant, sur leur convenance relative et sur leur coordination absolue ? Vous croyez donner une haute idée de Dieu, en supposant qu'il a dû créer des mondes sans nombre et sans fin. Ignorez-vous donc que la grandeur et la puissance de Dieu ne se révèlent et n'éclatent pas moins dans la création d'un ciron que dans celle d'un million de mondes ? Oui, Dieu est toujours également grand et infini, dans les petites choses comme dans les grandes, ou plutôt, dans l'ordre physique, il n'y a aux yeux de Dieu rien de grand et rien de petit : ces qualités relatives de grandeur et de petitesse sont une invention de la faiblesse de l'esprit humain, nécessaire ici-bas pour nous mettre en rapport avec le monde matériel, pour en juger et en apprécier l'ordre et l'harmonie.

On peut opposer à l'hypothèse que nous combattons quelques données astronomiques, entre autres celle-ci : Sirius, l'étoile fixe la plus rapprochée de nous, est éloignée de notre planète de trois milliards de lieues. Cette étoile étant 12 fois plus grande que le soleil, il faudrait, en supposant qu'elle fût le centre d'un système planétaire , que les globes subordonnés à sa sphère d'action s'étendisssent 12 fois plus loin, ou qu'ils fussent 12 fois plus gros que les planètes qui dépendent de notre soleil, puisque les planètes doivent équilibrer les forces de leur centre ou de leur soleil, soit par leurs masses, soit par leur nombre. Or, le système héliaque occupe un espace de près d'un milliard de lieues ; il ne resterait donc pour les planètes de Sirius que 2 milliards de lieues, et alors nécessairement les planètes de Sirius pénétreraient dans notre système, et les dernières du moins seraient visibles, ou bien

elles seraient très-volumineuses, et alors elles seraient encore également visibles : cependant on n'en
voit, on n'en connaît aucune.

Mais d'ailleurs, elle doit tomber à jamais la
supposition qui faisait, des soleils ou des étoiles,
des corps lumineux par eux-mêmes, et qui atta-
chait une grande importance à la distinction des
corps célestes en étoiles fixes et en planètes. La
simple vue de Vénus ou de Jupiter, bien connus,
comme les autres planètes, pour être des corps
semblables à la lune et à la terre, aurait dû depuis longtemps faire justice de cette hypothèse.
Il faut être astronome pour distinguer dans le
ciel les planètes des étoiles : tout le monde ne
dicerne pas même Vénus. D'où vient donc que
tout brille, et que tous les corps célestes sont lumineux ? On l'a vu dans le cours de ce chapitre :
tous les corps sont opaques, ils ne sont lumineux
que dans leur atmosphère, où les courants sidéraux produisent leur échange d'action positive
et négative, et où les réactions moléculaires entre
les atomes élémentaires absolument invisibles et
inappréciables, donnent lieu à la lumière diffuse
qui nous éclaire ; et la variété de couleur dans l'é-
clat des astres, dépend uniquement de leur densité
et surtout de leur état positif ou négatif. Ainsi
tombe encore la supposition d'un corps invisible
par son opacité qui, placé au voisinage de Sirius,
en contrebalancerait l'action, comme si un corps

céleste pouvait paraître opaque, enfin comme si les autres astres, même ceux qne nous ne pouvons apercevoir à cause de leur exiguité, ne suffisaient pas à la pondération et à l'équilibre de l'univers.

Voici quelques paroles de M. Arago, qui viennent corroborer notre opinion. « Il arrive, toute vérification faite...., que les étoiles de diverses grandeurs, lorsqu'elles paraissent concentrées sur un espace excessivement resserré, sont dans une dépendance mutuelle ; qu'elles forment des systèmes ; qu'en ce cas, leur différence d'intensité dépend d'une dissemblance de grandeur, de constitution physique. » (*Ann. du Bur. des longit.* 1842, p. 383.)

Mais le passage suivant est encore plus positif et plus formel. Herschell, parlant des groupes d étoiles dont le ciel fourmille, a démontré « que ces étoiles sont liées les unes aux autres, qu'elles forment de véritables systèmes ; il établit que les petites étoiles circulent autour des grandes, précisément comme la Terre, Mars, Jupiter, Saturne, etc., circulent autour du soleil ; et, chose remarquable, que certains de ces soleils tournant autour d'autres soleils, font leur révolution en moins de temps que n'en emploie Uranus à parcourir son orbite ». (*Ibid.*, p. 399.)

La pluralité des mondes ne peut donc être admise, soit qu'on la considère par rapport à Dieu,

soit qu'on l'envisage par rapport à l'homme. Dieu
étant la substance, la loi, la force essentielles,
ccmme l'a dit le grand orateur de Notre-Dame
de Paris (38° *conf.*); il se doit par-dessus tout, de
rapporter tout à lui, puisque rien n'est que par lui
et en lui : *Universa propter semetipsum operatus est
Dominus* (Prov. XVI — 4). Sous peine de mort,
l'homme doit donc tout rapporter à son créateur ; l'o-
bligation est rigoureuse et nécessaire, Dieu même ne
peut pas la changer ni l'abolir. L'homme étant l'image
et le représentant de Dieu sur la terre, tout est fait
pour lui afin que par son intermédiaire tout se rap-
portât à Dieu : *Sicut mundum propter hominem machi-
natus est, ita ipsum propter se tanquam divini templi
antistitem spectatorem operum rerumque cœlestium.*
(Lactance, 1. — 100, c. 14.)

Dieu tient tant à ce système de gloire et d'a-
mour, que l'homme s'étant séparé de lui par la
désobéissance, il a renoué avec lui par son Verbe
éternel. Jésus-Christ a rétabli l'harmonie, et a
réhabilité l'homme. Après un tel honneur pour
l'homme, après la divinisation de l'humanité en
Jésus-Christ, après son importance incompréhensible dans le cœur de Dieu, peut-on trouver
une créature qui puisse lui être comparée? *In hoc
apparuit charitas Dei in nobis, quoniam Filium
suum unigenitum misit Deus in mundum, ut
vivamus per eum.* (Joan. I. Epist. IV-7.) C'est
donc bien à tort qu'un écrivain chrétien, M. Je-

han, a dit : « Ce serait assurément se faire de
l'homme et de son importance une idée bien exor-
bitante, que de rapporter à lui, comme cause finale
unique, tout cet univers dont l'immensité nous acca-
ble ». (*Nouveau traité des sciences géologiques*, p.
173.)

Jamais enfin aucun roman cosmogonique ne
pourra prévaloir contre la vérité de la révélation ; toutes les conceptions humaines viendront
tôt ou tard et toujours se briser contre Jésus-Christ,
qui est la pierre angulaire de l'édifice de cet univers : et tant que les regards du Très-Haut s'ar-
rêteront sur la planète-terre pour s'y contempler
dans son image, dans l'homme ; tant qu'il y conversе-
sera délicieusement avec lui ; tant qu'il habitera dans
ses temples, jamais il ne sera donné une terre plus
noble, un globe qui lui soit plus cher, des créatures
plus élevées dans l'ordre des temps, pour devenir des
citoyens de l'éternité.

Philosophes superbes, cessez donc de calom-
nier l'humanité. Que prétendez-vous par là, si
ce n'est de justifier des penchants qui ne vous
honorent point, et de trouver des excuses dans
vos péchés et dans vos honteuses et basses passions ? *Ad excusandas excusationes in peccatis.*
(Ps. 140.) Philosophes dédaigneux, baissez-vous
pour relever l'homme ; cessez de le pousser sur
la pente du vice ; aidez-le plutôt, par les nobles
inspirations de la foi, à vaincre ses passions et à

vïvre de la vie de Dieu. Élevez l'homme, et l'homme deviendra plus grand que vous ne sauriez l'imaginer : il deviendra dieu et l'enfant du Très-Haut. *Ego dixi dii estis, et filii Excelsi omnes.* (Ps. 81.)

CHAPITRE IV.

GÉNÉRALITÉS SUR LA GÉOLOGIE.

A force d'accumuler des faits géologiques, on paraît s'être tellement perdu dans leurs détails, que Moïse n'est presque plus compté pour rien sur le fait le plus important de l'histoire du monde, sur celui qu'il a le mieux décrit, sur le fait que la géologie réclame comme son fondement indispensable, sur le fait enfin du déluge. Mais il est nécessaire, avant d'aborder ce sujet, de jeter un coup d'œil sur l'état de la science et d'en exposer les grands principes.

Les personnes qui déja ont consacré quelque loisir à l'étude de cette science, voudront bien ne pas s'étonner de la nouveauté de ces principes, et ne pas les juger avant d'en avoir vu tout l'ensemble et toute la liason.

Il faut que la géologie, débarrassée de tout le jargon panthéistique qui est descendu des sommités de la science jusque dans les petits traités élémentaires, prenne désormais une allure franche, et se pose enfin sur sa véritable base, la Bible. Elle cessera ainsi de mériter le dédain que lui ont voué certains esprits qui, aimant le positif, n'ont pas su faire la part des faits exagérés par l'amour-propre de leurs auteurs, et celle des données certaines de l'observation ; car la géologie n'est pas une science stérile, ses applications pratiques sont importantes, et leur utilité s'étend au champ du laboureur comme aux matières utiles exploitées dans les couches terrestres.

§ I.

EXAMEN CRITIQUE DES SYSTÈMES MODERNES.

Nous ne devons pas nous arrêter à réfuter les opinions surannées, ridicules et antibibliques d'un grand nombre d'écrivains dont les ouvrages sont ensevelis pour toujours dans la poussière de l'oubli. Si quelqu'un voulait en avoir une idée, il pourrait consulter le Discours de Cuvier sur les révolutions de la surface du globe. Nous devons même écarter de la discussion le système antéhexamérique de Buckland, dont les phrases pompeuses et le vernis biblique ne sauraient empêcher la ruine, au milieu même de tout l'éclat des *Soirées de Montlhéry*.

Voici cependant comment M. Godefroy combat ce système : « *L'idée neuve* d'une création détruite, puis recommencée sur un plan tout nouveau, ne peut se soutenir en présence de ces attestations réitérées de la science, qu'un grand nombre d'espèces végétales et animales, se montrant à tous les étages de la série des terrains, se sont perpétuées jusqu'à nos jours. » (*Op. cit.*, p. 273.)

Puis vient son système à lui. Les cataclysmes répétés, les catastrophes multipliées des époques indéterminées, antérieures à l'homme, ne lui paraissaient pas admissibles ; mais, dans la vue de « concilier les doctrines de la saine géologie avec les révélations de la Genèse, » il donne un nouveau plan, d'après lequel, « dans chaque ordre, le nombre des espèces s'est multiplié successivement et à des intervalles plus ou moins longs... ; ainsi, dans ces temps de création, sous le règne des lois organisatrices, l'ordre avançait vers son complément par voie de générations *évolutives* ou de renouvellement des espèces. » (*Ibid.*, p. 242 *et seq.*) En un mot, M. Godefroy n'a à substituer à une erreur qu'une autre erreur : mais il ne fait pas l'application de son système : ce lui eût été franchement chose difficile, après l'embarras où l'avait mis l'incandescence originelle du globe. Quoi qu'il en soit, puisqu'il admet le *diluvium* des géologues modernes, c'est-à-dire la formation d'un terrain très-superficiel et borné, dû à l'action du déluge, il croit donc à la formation des continents par des alluvions ou des attérissements, et son hypothèse sera réfutée par ce que nous dirons de celle de M. l'abbé Glaire. Quant à son opinion sur le déluge, elle sera discutée dans le chapitre suivant.

On peut réduire tous les systèmes géologiques à quelques chefs principaux ; car, bien qu'il y ait un grand nombre de livres de géologie, ils ne se distinguent les uns des autres que par des nuances qui n'en changent nullement le fond. Nous allons en examiner brièvement quelques-uns des principaux.

Cuvier.

« Pendant longtemps, dit Cuvier, on n'admit que deux événements, que deux époques de mutations sur le globe : la création et le déluge, et tous les efforts des géologistes tendirent à expliquer l'état actuel, en imaginant un certain état primitif, modifié ensuite par le déluge dont chacun imaginait aussi, à sa manière, les causes, l'action et les effets, (*Disc. sur les révol. de la surf. du globe*, 8ᵉ édit., p. 48.)

Nous n'approuvons pas plus que Cuvier les explications mensongères qu'on a voulu donner de ces deux grandes époques ; mais le tort de ses prédécesseurs pouvait-il l'autoriser à les dépasse ? Et en effet, au lieu de chercher à expliquer la création et le déluge mosaïques, pourquoi s'ingénie-t-il à inventer une création et un déluge à lui, et à jeter ce système hybride comme un leurre au clergé? Expliquons-nous.

Cuvier, après avoir exposé les hypothèses de ses devanciers (*ibid.*, p. 40 à 60), d'une manière et sous un point de vue qui ôtera à tous les modernes l'envie d'y revenir, en fait table rase avec une rare politesse,

et y substitue aussitôt son système favori, c'est-à-dire
le classement des terrains par les fossiles ; et en cela,
il n'a pas même les honneurs de l'invention.

Lemanon avait appris, avant lui, à distinguer les
couches, d'après le genre des fossiles qu'elles contiennent, en couches marines et en couches d'eau
douce, c'est-à-dire en strates déposées dans la mer et
en strates déposées dans les lacs. Mais, grâce à l'autorité de son grand nom et à ses beaux travaux dans
l'histoire naturelle, Cuvier s'est approprié ce système ;
il l'avait même rendu classique.

« Comment ne voyait-on pas (c'est Cuvier qui
parle) que c'est aux fossiles seuls qu'est due la naissance de la théorie de la terre ? » (*Ibid.*, p. 61.)
Nous lui accordons que la vue des fossiles, en excitant
la curiosité de l'homme, l'a porté à en rechercher l'o-
rigine. Mais voici ce que nous ne lui accordons pas :
« Que les couches qui les recèlent ont été déposées
paisiblement dans un liquide ; que leurs variations ont
correspondu à celle du liquide ; que leur mise à nu a
été occasionnée par le transport de ce liquide ; que
cette mise à nu a eu lieu plus d'une fois. » (*Ibid.*)
Voilà trois principes faux : le premier, c'est qu'il
veut que les couches se soient déposées lentement dans
une eau tranquille, il a soin de le dire plus d'une
fois. On n'a qu'à voir le pêle-mêle qui règne dans les
fossiles de la plupart des couches qui en renferment,
pour se convaincre du contraire ; les bancs puissants
des marnes des terrains secondaires le portent écrit sur

chacune des lignes qui séparent les strates, souvent confondues, qui les composent ; en un mot, les couches terrestres portent partout les traces évidentes de la violence des eaux et de la rapidité de leur formation géologique. Cuvier n'a pu le méconnaître. Voici ce qu'il dit en effet : « Les coquilles se présentent pour l'ordinaire dans leur entier... Dans les quadrupèdes, au contraire, il est infiniment rare de trouver un squelette fossile un peu complet. » (*Ibid.*, p. 96.) Il est bien clair que si les coquilles sont entières, c'est parce qu'elles sont petites et dures, et que dans l'eau, elles se sont trouvées dans leur élément : et encore, sont-elles souvent brisées et broyées, même dans des couches très-étendues.

Le second, c'est que les couches varient dans leur texture et dans leurs fossiles, suivant la nature du liquide, parce que, pour Cuvier, la présence d'une coquille marine dans une couche, atteste sa formation dans les mers ; et la présence d'un fossile quadrupède ou d'une coquille lacustre, atteste que la couche qui les contient a été déposée dans l'eau douce. C'est là, il faut le dire, une conclusion qui nous paraît au moins fort étrange ; et un système qui repose sur une telle base, n'est pas de nature, certes, à soutenir un examen tant soit peu sévère. Voici, entre autres, une objection que nous tirons des propres études de Cuvier sur le bassin de Paris. Le gypse de ce bassin repose en stratification parfaitement concordante sur un banc de calcaire. Or, dans son système, ce calcaire a été dé-

posé dans une mer, et , qui plus est, dans une mer
tranquille ; il le prouve 'par les coquilles marines et
les os de poissons qu'il contient en abondance : la
couche de gypse , au contraire, a été déposée dans
l'eau douce, tout [aussi tranquillement, parce qu'elle
contient des ossements de quadrupèdes et d'oiseaux.
Cependant ces deux couches ne sont séparées par rien
d'intermédiaire : bien plus, les fossiles de la couche de
gypse pénètrent dans celle de calcaire, et sa partie supérieure en contient dans un état parfait d'intégrité. Il
n'y a donc pas moyen de séparer, par un intervalle
de temps quelconque, le dépôt de ces deux couches.
Quant à la tranquillité prétendue du dépôt de ces
couches, elle est suffisamment combattue par le pêle-
mêle des ossements, les ondulations des strates et le
passage d'une espèce de matière à une autre sur leurs
limites.

Son troisième principe est que les couches terrestres
ont été mises à nu par le déplacement du liquide, non
pas une, mais plusieurs fois. A cela nous opposerons
la Bible, qui ne donne pas d'autre cause de ces sortes
de bouleversements que le déluge de Noé. Nous dirons
que Cuvier a voulu compliquer la science inutilement ;
nous dirons , en un mot, que son système est anti-
biblique, parce qu'il lui faut une série de catastrophes,
dans lesquelles les mers se seraient déplacées plusieurs
fois et auraient détruit les êtres vivants à chaque
fois, de sorte qu'à chaque fois, les continents nouveaux auraient été peuplés d'habitants nouvellement

arrivés. Tout cela est insoutenable, et contraire autant au récit mosaïque qu'à la saine géologie.

En vérité, nous ne nous expliquons pas la faveur dont le livre de Cuvier a joui auprès des catholiques (1). Était-ce parce qu'il daigne admettre le déluge de Moïse, en s'autorisant toutefois de l'exemple de quelques autres savants? Mais il prétend que la mer a changé de place, de sorte que les continents modernes seraient son ancien lit, ce qui est encore contraire au récit de Moïse. L'écrivain sacré suppose évidemment que la terre couverte par les eaux était la même que celle qui fut émergée après le déluge. D'ailleurs, de crainte que son système ne fût encore trop biblique, il a eu soin, lui à qui les catastrophes et les cataclysmes coûtaient si peu, de n'admettre celui de Moïse qu'avec restriction. Pour lui, non-seulement il n'est pas universel, mais encore tous les hommes qui étaient hors de l'arche n'auraient pas péri. Il voit, à travers plus de 40 siècles, dans la race nègre, « des caractères qui montrent clairement qu'elle a échappé à la grande catastrophe sur un autre point que les races caucasique et atlaïque, dont elle était peut-être séparée depuis long-temps. » *Disc.*, etc..., p. 221.)

Et maintenant, les débris du système de Cuvier jonchent le sol de la science; chacun en a pris un lam-

____

(1) Observons toutefois qu'il ne s'agit ici que de son système géologique, et non pas de ses belles recherches sur l'histoire naturelle, qui sont un monument à sa gloire, bien qu'on en ait un peu rabattu.

13

beau pour s'en faire un autre, jusqu'à ce que Moïse
vienne, avec son inflexible récit, les leur arracher des
mains. Cependant, il faut leur accorder, en attendant,
un dernier regard.

MM. Lyell et Deshayes, désespérant d'appliquer la
méthode de Cuvier à tous les terrains fossilifères, se
sont contentés, pour le moment, d'en faire la base de
leur classification des terrains tertiaires. Pour cela, ils
ont pulvérisé la méthode de classement des roches
d'après leur texture, et ç'a été son coup de grâce ;
puis ils ont classé les couches tertiaires selon le nombre
relatif de coquilles encore vivantes qu'ils contiennent ;
car, selon eux, les êtres se modifient peu à peu, et les
terrains les plus anciens sont ceux qui contiennent le
moins d'espèces vivantes. Sur cette idée, ils ont créé
les groupes Éocène, Miocène et Pliocène, dont l'étymo-
logie indique les rapports de leurs fossiles aves les espèces qui vivent encore, ou plutôt qu'ils ont pu découvrir. Mais cette classification, critiquée déjà par ses
plus fidèles partisans, est aujourd'hui à peu près
entièrement abandonnée.

Il est à remarquer que l'école de Cuvier, ou l'école
zoogéologique, au lieu de se borner comme lui à 4 ou
5 catastrophes, a été jusqu'à admettre 17 cataclysmes,
séparés par des époques longues autant qu'on veut :
à ce point que M. Boucheporn a cru devoir admettre
entre chacun d'eux un intervalle de deux millions d'années. (*Etude sur l'hist. de la terre*, p. 49.) Il a fallu
à cette école un nombre égal de créations successives

ou de reproductions spontanées ; car on ne sait encore si plusieurs de ses membres reconnaissent un Dieu créateur. Ce système impie s'est couvert, dans quelques écrits, du manteau de la religion ; et des écrivains catholiques y ont puisé le venin qu'ils n'ont pas voulu y voir, ou qu'ils se sont dissimulé.

M. Elie de Beaumont.

M. Élie de Beaumont qui, de sa chaire au collège de France, a fait autant de prosélytes que son prédécesseur Cuvier, semblerait avoir tourné la chose en plaisanterie par ses cartes de la mer ancienne aux diverses époques où se déposaient les couches terrestres. On suit, sur la trace de son crayon créateur, tous les changements qu'a subis l'Europe, depuis les terrains inférieurs jusqu'aux terrains tertiaires : à telle époque, sur telle couche et sur une telle étendue, vivaient les sauriens, les pétrodactyles, monstres formidables, qu'une catastrophe a fait disparaître sans retour sous les eaux, avec le terrain qui les portait ; tandis qu'ailleurs un autre sol était émergé, qui portait des êtres un peu moins indignes de vivre. Pendant que ceux-ci existaient, les premiers étaient empâtés dans la matière qui se déposait. Il se formait ainsi une autre couche, qui était émergée à son tour, etc... Les végétaux suivaient la même progression. Mais, hélas ! des faits nombreux prouvent que souvent végétaux et animaux se seraient ainsi trouvés dans certaines couches des milliers d'années avant d'avoir existé, c'est-à-dire que la succession de ces êtres, admise par M. Élie de Beaumont, est complètement fausse. Et ne l'est-elle pas de droit, puisqu'elle a Moïse contre elle?

Après cela, il est inutile de dire qu'il faut au savant professeur des époques plus longues encore que celles de Buffon; comme lui, il n'a pas reculé devant les difficultés d'un calcul, et, tout bien pesé, il a cru que la période des végétaux a dû être de 72 mille ans.

M. Marcel de Serres.

Ce savant professeur de Montpellier est le dernier ou l'un des derniers représentants du système de l'incandescence originelle du globe : nous ne voulions pas donner ici une place à cette hypothèse usée; mais, parce que M. Marcel de Serres donne de grands éloges à Moïse, et que son ouvrage est entre les mains de beaucoup d'ecclésiastiques, nous ne pouvons nous dispenser d'en dire au moins un mot.

Le lecteur sait déjà qu'il est impossible que le refroidissement de la terre ait commencé par la surface, etc..... Nous ne chicanerons pas M. Marcel de Serres sur la longueur du temps qu'il lui faut pour que les mers se forment; mais dans son système, l'aride apparaît avant les eaux, puisque celles-ci ne purent se déposer sur la surface incandescente du globe. Voilà certes une flagrante opposition avec le texte biblique, lequel nous représente la terre entièrement recouverte par les eaux jusqu'au troisième jour, époque où elle fut émergée et reçut son nom. M. Marcel de Serres ne fait pas attention à cette opposition au texte sacré, et, après avoir dit : « Les continents étaient composés d'abord d'îles peu considérables, et comme noyées au milieu de l'immensité de l'océan. » (*De la cosmog. de Moïse*, tom. I, p. 52.), il ajoute : « Cet effet semble avoir eu lieu assez tard ; il fallait que, par suite de l'abaissement de température, les matériaux des continents eussent pris une certaine solidité. » (*Ibid.*, p. 53.) A la bonne heure, mais il s'agit de la formation des mers, et vous n'en dites pas un mot ; il s'agit de la cosmogonie de Moïse, et vous n'en faites nul cas. Passons.

Pour M. Marcel de Serres, comme pour la plupart des géologues, les êtres organisés n'apparaissent sur la terre que lentement, à mesure que la terre se refroidissait, et par une succession d'espèces incompatibles avec les grandes divisions de la création de Moïse. « Ce grand écrivain, dit-il, distingue d'abord un *germen* et met constamment le mot *herbam* avant *lignum*. » (*Ibid.*, p. 54.) Il y a des gens qui n'ont vu là qu'une simple affaire de grammaire. Il fallait bien commencer par quelque chose, et on a commencé par le moindre. Mais la vieille géologie a besoin d'y voir des créations distinctes du plus simple au plus composé. Par malheur, les terrains de transition, qu'on faisait dépositaires des êtres les plus simples, en ont offert de bien composés : M. Marcel de Serres ne l'a pas ignoré ; mais comment faire? Ces infidèles terrains de transition, les premiers formés, eux qui ont dévoré la première création, apparemment les *herbes*, eux qui ont été déposés des *milliers d'années* avant tout autre terrain fossilifère, avant qu'il existât des oiseaux, par exemple, ne voila-t-il pas qu'ils renferment à la fois herbes, arbres, poissons, insectes, oiseaux? Vraiment, Moïse n'a pas connu la géologie! Mais M. Marcel de Serres a la bonté de l'excuser : « On a cependant, dit-il, accusé Moïse d'erreur, parce qu'à ses yeux, les végétaux auraient précédé les animaux, fait que ne confirme point l'observation des couches fossilières les plus anciennes. On n'a pas assez remarqué que, d'après les termes généraux de son récit, Moïse ne devait pas s'arrêter à des faits aussi peu nombreux que ceux qui établissent la présence d'animaux à respiration aérienne lors de la première végétation. » (*Ibid*, p. 54, 55.)

Nous dirons au nouveau défenseur de Moïse, qu'il n'en est pas moins certain que la géologie en a menti, ou que Moïse est tombé dans l'erreur. Les faits tous les jours plus nombreux de la présence de débris d'animaux de toute espèce dans les couches de transition, forcent la science à conclure que les terrains de transition, comme les terrains secondaires et tertiaires, sont dus à une même cause, et que cette cause est survenue après que la terre a été habitée par tous les êtres créés.

En voilà assez sur un auteur qui, par le respect qu'il témoigne pour les livres saints, ne manquera pas d'y voir lui-même la vérité des principes de la véritable géologie, c'est à dire de celle qui est d'accord avec la sévère et impartiale observation de l'irréfragable autorité de la Bible.

Playfer.

Le système de cet auteur, qui est aussi celui d'Huston, est bien différent de ceux qu'on vient d'examiner. Sa modération est extrème : il veut que tous les terrains existants soient dus à l'action lente des causes géologiques qui agissent encore. Il ne voit partout que les résultats d'un même phénomène commencé depuis longtemps et qui se continue tous les jours sous nos yeux. Il ne lui faut ni fusion du globe, ni comètes, ni cataclysmes ; mais il lui faut plus de temps qu'à Moïse, et il ne craint pas de l'avouer. D'ailleurs, le déluge de la Bible y est à peu près compté pour rien. Néanmoins, ce système est aujourd'hui fort à la mode ; mais il n'est pas difficile d'en prévoir la ruine prochaine.

Cependant parce qu'un ecclésiastique haut placé l'a adopté, nous nous croyons obligé d'en dire quelque chose de plus.

M. l'abbé Glaire.

Le savant et ancien doyen de la faculté de théologie de Paris, après avoir parlé longuement des modifications que certaines causes font subir à la surface du globe, mais surtout après avoir insisté sur la puissance des attérissements, établit enfin son système avec tous les ménagements qui lui sont ordinaires. Voici son thème : « Nous en avons dit assez, sans doute, pour démontrer que la formation des attérissements ne suppose pas un intervalle de temps qui ferait remonter *l'origine de notre planète* au-delà de la date indiquée par la Genèse. » (*La vérité hist.. et div. des liv. de l'anc. et du nouv. Testament*, tom I, p. 215.)

Nous en demandons bien pardon à M. l'abbé Glaire ; mais il s'est trompé. En copiant la conclusion consacrée par les géologues qui traitent des attérissements, des alluvions, des dunes, en un mot, des causes qui modifient journellement la surface du globe, il ne s'est pas aperçu qu'ils n'ont pour but que de prouver la jeunesse du monde postdiluvien. Pour eux, les dunes et les attérissements ne datent que de la *dernière catastrophe*, c'est-à-dire du déluge, de quelque manière qu'ils l'entendent. Dès lors, ces formations récentes sont des chronomètres aussi exacts qu'on peut le désirer, et Deluc, Dolomieu, Cuvier, Marcel de Serres, etc., sont demeurés dans le vrai. Mais vouloir les appliquer à *l'origine de notre planète*, c'est trop fort, évidemment trop fort.

M. Glaire veut que les continents, c'est-à-dire toutes les terres habitables, aient été formées par les causes qui agissent encore tous les jours sous nos yeux : produits volcaniques, inondations, alluvions fluviatiles,

dégradations de côtes et de montagnes, dunes, etc...
Cependant, il y avait des terres lorsque Dieu créa les
végétaux, les quadrupèdes et l'homme. Ces terres n'a-
vaient pas pu se former par alluvions, puisque M. Glaire
n'admet pas, comme Playfer, que les jours de la création soient des époques indéterminées ; ainsi, ces terres
du moins échapperaient à son système.

M. l'abbé Glaire dit expressément (*op. cit.*, p. 242)
que les houilles ont dû se former avant le déluge,
c'est-à-dire dans l'espace de seize siècles et demi.
Quand nous lui accorderions *une température plus
douce* à cette époque et une *plus grande quantité de
carbone dans l'atmosphère*, il n'en serait pas plus
avancé ; et la théorie des houilles de A. Brongniart
serait encore plus raisonnable, puisqu'il lui serait impossible de couvrir des surfaces immenses de dépôts de
végétaux capables de former des bancs de houille
d'une puissance énorme, sans bouleverser la terre et la
rendre inhabitable ; surtout s'il ne fait commencer les
alluvions que par un petit espace de terre émergée.

Il est donc impossible d'attribuer aux alluvions,
non-seulement la formation des houilles, et nous le
montrerons plus loin, mais encore celle de tous les
terrains fossilifères, puisque, après tout, il faudrait encore que l'on indiquât l'origine des matériaux qui les
auraient composés. D'ailleurs, il y a une autre inconséquence palpable dans ce système, c'est que tous les
terrains étant fossilifères ou sédimentaires, on cherche
en vain le point central, primitif, où les alluvions au-

raient commencé et d'où elles se seraient étendues
successessivement à toute la terre. Or, dans la supposition de ce point primitif et nécessairement très-borné,
supposition à laquelle M. Glaire ne peut pas plus
échapper que Playfer, le calcul sur lequel on a basé
la progression des alluvions croule de tout son poids.
N'es t-il pas évident, en effet, que dans les commence-
ments, les alluvions durent être très-faibles et très-
bornées, contrairement à l'hypothèse vraiment inconcevable, qui les fait agir tout d'abord avec une grande
rapidité et sur d'immenses étendues, même en prenant
pour terme de comparaison les attérissements modernes ? Voilà donc ce système réduit à sa plus simple
expression. Il est aisé de voir qu'il est scientifiquement
et bibliquement insoutenable.

Nous ne terminerons pas cet article sans exprimer
la peine que nous éprouvons d'avoir été obligé de contredire M. Glaire ; mais il est nécessaire de combattre
l'erreur, et de prémunir le clergé contre une doctrine
moitié biblique, moitié académique, qui, pour vouloir
tout concilier, ne concilie rien. Devons-nous, par des
considérations d'intérêt particulier, dissimuler aux
vrais amis du progrès de la science le danger auquel
s'exposent des écrivains qui se contentent de puiser
dans des sources hétérodoxes ou suspectes les éléments
hétérogènes de leur doctrine ? Non certes, et nous le devons d'autant moins, que ces auteurs, par l'autorité
de leur nom et de leur haute position dans le corps
enseignant, imposent ordinairement leurs opinions et

leurs méthodes à la grande majorité de leurs inférieurs.

Ami sincère de la vérité et des vrais progrès, nous
appelons de tous nos vœux le moment où tout ecclésiastique pourra, librement et sans crainte, produire
ses propres idées au grand soleil de la publicité ; ou
plutôt ce moment paraît arrivé. La liberté des opinions
est le patrimoine universel ; il n'y aura plus de critique
cachée, plus de défense à huis clos, plus de sanction
indispensable, que la sanction de la vérité et celle de
l'Église.

M. Constant Prévost.

Ce savant professeur, dans ses *Études des terrains
tertiaires*, a parfaitement combattu les systèmes qui
l'ont devancé ; il dit d'excellentes choses, et en général il se montre excellent observateur. Mais, après avoir
bien reconnu les errements de la géologie, il a fallu
leur substituer un système, et ce système retombe de
tout son poids dans le domaine de l'erreur, parce que
son auteur n'a pas tenu compte du récit mosaïque.

Il a besoin d'un Océan alternativement calme et agité ;
il fait déposer la craie dans une mer tranquille et dé-
serte d'habitants. Après cela, elle s'abaisse, pour donner lieu à des courants qui sillonnent la surface molle
du dépôt crétacé. Il en résulte de vastes ravins qui se
remplissent, à point nommé, de sable, de cailloux

roulés, et de tout ce qui constitue un terrain de transport. Voilà déjà un terrain qui s'appellera terrain d'eau
douce.

Pour qu'il en vienne un autre, il faut que les courants cessent et que la mer redevienne tranquille. Mais
elle n'est cette fois qu'une simple baie qui laisse vivre
et multiplier dans son sein une multitude de coquilles
et d'animaux marins qui s'ensevelissent dans une
couche de calcaire marin. Puis de nouveaux courants,
provenant des fleuves, charrient dans cette baie des
matériaux terrestres, des os de quadrupèdes de
l'époque, et il se forme une nouvelle couche lacustre,
fossilifère, etc. (*Bull. de la soc. philomat.* 1825.)

On voit que ce système est un mélange plus ou
moins ingénieux des précédents. A tous, on peut opposer la Bible, les faits et souvent le simple bon sens ;
car il y a quelquefois du danger à être trop savant, c'est-
à-dire à vouloir l'être plus que Moïse. L'exposé que nous
allons faire des principes fondamentaux d'une nouvelle géologie, et l'historique du déluge mosaïque,
suffiront pour les réfuter tous. C'est pourquoi nous
n'insisterons pas davantage sur la critique des systèmes
connus.

§ II.

PRINCIPES GÉOLOGIQUES.

Un système qui ne reposerait que sur des faits mal
constatés ou particuliers, et par là-même souvent

exceptionnels, n'aurait aucune valeur. On ne peut raisonnablement s'appuyer en géologie, comme dans les
autres sciences naturelles, que sur des faits généraux
et bien observés. Si l'on avait toujours procédé d'après
ce principe, la géologie ne se serait pas couverte de
défaveur et de ridicule ; et on n'en serait pas venu jusqu'à lui refuser la moindre exactitude dans ses données, comme l'a fait Malte-Brun, et comme on le fait
encore tous lés jours.

On conçoit aisément ce qu'il y a de défectueux
dans les hypothèses qui ont pour point de départ des
faits tels que le gisement d'une couche dans une localité, la texture d'une roche particulière, la présence
de tel ou tel fossile dans tel terrain, parce que dans
cette localité, cette couche peut être contournée, dé-
placée par une action soulevante ; parce que la texture
de cette roche peut être altérée ; parce qu'un fossile
peut avoir été jeté par les eaux dans la matière qui
constitue le terrain, après avoir vécu ailleurs ; et rien
n'est plus certain.

Voici donc des faits généraux parfaitement constatés, et qui vont nous servir de fondement. Posons
d'abord un principe biblique, car on doit s'en tenir
aux documents sacrés de la Bible, quand même Moïse
ne serait regardé que comme historien, parce qu'il est
l'historien le plus ancien, le plus véridique et le plus
digne de foi. C'est dans l'Écriture-Sainte que Dieu a
déposé le germe de tout ce que l'homme pouvait connaître de ses ouvrages, avec des règles pour les con-

naître d'une manière convenable ; or, pour nous borner actuellement à la géologie, la Bible n'a pas besoin
de nous dire que toutes les couches fossilifères sont le
produit de la destruction des terrains antérieurs et
d'êtres organisés qui ont péri : c'est par trop évident.
A nous donc de chercher comment les premiers terrains
ont été modifiés, et comment les êtres organisés ont
péri et ont laissé leurs débris au sein des nouvelles couches. Si le déluge ne devait pas suffire pour expliquer
la formation des couches superposées aux terrains primitifs, on pourrait dire que Dieu a tendu un piége à
notre curiosité, qui cependant est bonne et juste, puisque, de l'étude de ces couches, l'homme tire de grands
avantages.

Mais, dans ces déductions, l'homme n'est point au-
torisé à forcer l'interprétation des termes employés
par la Bible. Il doit les entendre avec cette simplicité
et cette docilité qui excluent les idées préconçues et le
désir de plier la divine parole à ses orgueilleuses conceptions

§ III.

Les considérations qui précèdent nous ont fait retarder
jusqu'ici l'explication du mot *jour*, par lequel Moïse
désigne chaque époque de la création. Nous n'ignorons
pas tout ce qu'on a dit en faveur des époques indéterminées, mais nous savons aussi que l'écrivain sacré

ne laisse apercevoir aucun intervalle entre les jours génésiaques, pas plus qu'entre les ordres du Tout-Puissant et leurs effets. Et la lumière ne succédant pas aux ténèbres durant les trois premiers jours, mais étant simplement séparée d'elles, comme nous l'avons déjà fait observer, n'est pas une raison pour croire à un temps indéfini, puisque, d'après la remarque de saint Augustin, on peut en supputer la longueur de vingt-quatre heures, comme ferait un homme dans une caverne obscure. (*De Gen. cont. Manich.*, lib. I, c. 15 et 24.) Vingt-quatre heures sont certainement bien courtes pour de si grandes opérations ; mais enfin, pour tirer la matière du néant, a-t-il fallu plus d'un instant, et l'homme n'a-t-il pas été créé à l'état adulte ? Il est probable que les végétaux et les animaux ont été aussi créés à l'état de perfection organique. La signification du mot jour est donc pour le moins encore incertaine ; et les systèmes fondés sur les époques indéterminées ne sauraient être satisfaisants, quand même ils ne pécheraient pas par une multitude d'autres points.

Ici on nous dira peut-être que nous sommes en contradiction avec le principe que nous avons posé, parce que nous n'avons pas traduit littéralement le mot *aquas* des deux premiers versets de la Genèse. Si l'on nous faisait ce reproche, nous pourrions répondre que la lettre n'offre pas toujours le vrai sens, et nous pourrions citer une multitude de passages de l'Écriture-Sainte que l'Église elle-même a interprétés par l'Écriture elle-même, comme nous l'avons fait pour les mots *ciel* et *terre* de ces premiers versets, puisqu'ils n'ont été formés et nommés qu'après la création ou l'apparition de la lumière. Et d'ailleurs, tel n'est pas le cas pour le mot *aquas*. Nous n'avons pas à revenir ici sur ce que nous avons déjà dit, et nous prions le lecteur de s'en souvenir. Il en conclura que le mot *aquas* des premiers versets de la Genèse a été justement traduit par *eaux*, dans le sens que nous lui avons donné, d'après les plus graves autorités et d'après la tradition du genre humain. Il en conclura que ces *eaux génératrices* n'é-taient pas autre chose que la matière universelle dé-sagrégée, coulante et sans propriétés connues. Enfin, il en conclura que, loin de forcer le sens des mots employés par la Vulgate, nous les avons expliqués par la Vulgate elle-même.

§ IV.

STABILITÉ DE LA NATURE.

Nous entendons par *nature* l'ensemble des choses créées sous l'action de la puissance luminique. Or, cet ensemble a été fait par le Tout-Puissant avec une harmonie et une fixité telles, que lui seul peut y déroger. Les mouvements continuels d'action et de réaction entre les corps célestes et les corps terrestres, ont pour résultat l'ordre parfait que nous voyons, et sont même la cause de la stabilité de tout ce que renferme l'u-nivers.

Ce serait donc à tort qu'on aurait recours aux comètes pour faire bouleverser notre planète ; et d'ailleurs, l'on a vu que la masse des comètes , une fois dans notre atmosphère, n'aurait pas même la consistance de nos nuages. Il ne serait pas moins invraisemblable de faire inonder la terre par une queue de comète, puisque la matière qui la compose peut n'être pas et probablement n'est pas de l'eau.

Rien n'autorise à supposer des irruptions multipliées de la mer sur les continents , ou des soulèvements successifs qui, à chaque fois, auraient bouleversé la terre.

Beaucoup de géologues, qui admettent une succession, à longs intervalles, d'êtres organisés, et une série correspondante d'accidents qui auraient chaque fois profondément modifié la surface du globe, sont partis de l'hypothèse du déplacement successif du point de périhélie, c'est-à-dire, suivant eux , du déplacement presque insensible de l'axe de la terre. De là, suivant eux encore, chaque dix mille ans environ, un déplacement des mers et tout ce qui s'ensuit. Mais, après cette supposition , il leur en faut une autre, qui consiste à dire que la densité du centre ne peut pas contrebalancer les variations survenues dans la position astronomique du globe, en rendant nulle son action sur la partie beaucoup moins dense de la surface.

Nous disons, nous, qu'il n'existe aucune cause physique raisonnable à laquelle on puisse rapporter la suspension ou la modification de la force qui établit la

14

terre dans le parfait équilibre de sa station dans l'espace. Or, l'unique cause d'une altération de la stabilité de l'univers et de la terre, c'est la volonté du Créateur : *Fundasti terram super stabilitatem suam : non inclinabitur in sæculum sæculi.* (Ps. 103.)

'L'illustre Laplace ; après avoir apprécié toutes les causes qui peuvent agir sur l'équilibre de l'Océan, conclut ainsi : « La mer est donc dans un état ferme d'équilibre ; et si, comme il est difficile d'en douter, elle a recouvert des continents aujourd'hui fort élevés au-dessus de son niveau, il faut en chercher la cause ailleurs que dans le défaut de stabilité de son équilibre. » *(Syst. du monde, c. 12.)*

§ V.

DÉVELOPPEMENT CONTINU DES STRATES.

C'est un fait certain, constant et universel, que le développement continu de toutes les strates, depuis les premiers dépôts de la grande formation dite de transition, jusqu'à la dernière couche de celles dites tertiaires. Toutes se succèdent, d'après un ordre de superposition qui n'est pas seulement invariable, mais tellement continu, qu'il n'a été donné à aucun géologue de découvrir, entre deux couches, la trace la plus légère d'un sol quelconque. Rien n'y peut faire supposer, entre deux dépôts, un intervalle de temps pendant lequel les êtres organisés auraient vécu, ou des alluvions se seraient

formées. Et, sans ce sol intermédiaire, les auteurs
des divers systèmes que nous avons exposés ne per-
suaderont pas à personne que des végétaux et des
animaux ont vécu pendant des milliers d'années pour
être ensuite *ensevelis sur place*, sans qu'on trouve jamais un seul millimètre de terreau. C'est même une
merveille qu'ils enregistrent soigneusement, que la découverte, dans les couches fossilières, d'un végétal
pétrifié dans une situation verticale, ou offrant encore
quelques tronçons de racine.

Nous rendrons bien volontiers justice à M. C. Prévost qui, le premier, a signalé ce fait : *Il n'a vu nulle
part une ligne de séparation nette et tranchée entre les
diverses strates*, et même entre les couches marines
et d'eau douce.

M. Forichon, après lui, et la plupart des géologues,
ont vu que les strates des diverses formations sont parfaitement unies entre elles, sans offrir d'autre séparation qu'une ligne souvent inperceptible. Ils ont reconnu,
ce qui est bien autrement important, le passage des
fossiles d'un dépôt dit marin dans un dépôt dit d'eau
douce ; et ce fait est assez palpable pour avoir trouvé
place dans les écrits de Cuvier, comme nous l'avons
fait remarquer plus haut. A ce sujet, nous citerons un
géologue remarquable, et qui n'a pu parler que sous
la seule impression de la vérité. M. Marcel de Serres
s'exprime ainsi : « Dans le vallon d'Aix (Bouches-du-
Rhône), le calcaire purement marin et le calcaire d'eau
douce sont unis entre eux par une liaison aussi in-

time qu'immédiate. Il faut admettre que l'un et l'autre ont été déposés dans le même liquide. Si leur dépôt avait eu lieu dans des circonstances différentes, on devrait trouver sur le calcaire d'eau douce un dépôt quelconque, composé de produits de l'époque intermédiaire pendant laquelle ce sol aurait été habité par des animaux terrestres, et cependant aucune trace de surface continentale n'existe entre ces deux dépôts ; et le calcaire marin, se trouvant mêlé et alternant avec le calcaire d'eau douce, il faut bien admettre que les uns et les autres ont été précipités dans le même liquide. Et d'autant plus que les dépôts marins renferment souvent des corps organisés fluviatiles et terrestres, comme les dépôts d'eau douce, des fossiles marins. » (*Bull. des scien. nat.*, tom. 14.) Ces faits sont tellement universels et sans exception, que chacun peut les constater par lui-même dans tous les terrains, quels qu'ils soient.

Ainsi donc, sont fausses : 1° la distinction de dépôts marins et de dépôts lacustres ou d'eau douce; 2° la supposition d'un intervalle quelconque pendant lequel des êtres auraient vécu sur une couche de sédiment quelconque ; par conséquent sont faux tous les systèmes qui n'expliquent pas leur formation par une cause puissante, ayant exercé son action dans un espace de temps suffisant à ces formations, mais insuffisant à toute espèce de vie organique et d'alluvions. Par là même, l'hypothèse de l'ensevelissement des êtres organisés sur place est insoutenable, alors

surtout qu'elle n'est appuyée par aucun fait direct.
Enfin, ce que nous venons de dire suffit pour renverser à jamais tous les systèmes géologiques qui ne reconnaissent pas le déluge de Noé pour cause unique,
depuis les systèmes plutoniens jusqu'à ceux des alluvions. Il faut donc chercher une autre théorie des terrains fossilifères, et cette théorie ne peut être donnée
complète, nous le répétons, que par le déluge, la seule
cause géologique dont le développement continu puisse
être parfaitement démontré.

§ VI.

SOLIDIFICATION DES ROCHES.

Il n'y a qu'une substance assez commune qui ait la
propriété de se solidifier dans l'eau, et d'y faire solidifier les matières auxquelles elle est mêlée, surtout la
chaux, ou oxide de calcium ; et cette substance, c'est
la silice, ou plutôt le silicate d'alumine. Sa propriété
lapidifiante est tous les jours utilisée par les architectes,
pour les constructions dans l'eau : les ciments hydrauliques et divers mortiers, ne doivent qu'à la silice ou
à son mélange avec des composés de chaux, cette facilité de se durcir même sous l'eau.

En général, partout où les calcaires (carbonate de
chaux) offrent quelque puissance, ils abondent en silice. Sur les flancs tourmentés des Pyrénées, on voit
les calcaires de transition imprégnés de silice et recou-

verts de cristaux de quartz ; et, si les Alpes ne présentent pas aussi généralement le même spectacle, c'est que la silice y abonde plus à l'intérieur des calcaires qu'à leur surface.

Il est démontré que la plus faible quantité de silice suffit à la solidification des calcaires ; celle que certaines sources tiennent en dissolution, finit, en se déposant, par former des couches plus ou moins épaisses et très-dures : c'est à sa présence que l'on attribue la solidification parfaite d'un calcaire déposé, de nos jours, au fond d'un lac de l'île de Java et en beaucoup d'autres lieux. Il se dépose également, dans les grands marais de la Hongrie, un calcaire assez dur pour servir aux constructions, et dans lequel on soupçonne, avec raison, la silice. Les sables des côtes de la Sicile se solidifient, parce que l'eau contient de la silice provenant des émanations sous-marines et de la décomposition des laves. On cite une multitude de dépôts modernes, qui se solidifient en se formant.

Les calcaires les plus marneux et les moins compactes en contiennent ; et tout le monde peut constater, en une multitude de lieux, sur les calcaires tertiaires, des cristaux de silice parfaitement pure, qui paraissent s'être formés par transsudations, dans les fentes ou à la surface de leurs cassures primitives (1), alors qu'ils

---

(1) Comme on le verra dans le chapitre suivant, les vallées d'érosion creusées dans l'épaisseur des dépôts tertiaires, sont dues aux derniers courants des eaux diluviennes. Les calcaires, superposés à des lits de marne, se sont affaissés sur les bords en per-

venaient à peine d'être formés, bien que l'analyse ne paraisse pas en avoir découvert dans son intérieur. Au reste, M. Morelot vient d'en constater l'existence dans les roches de l'Auxois, et, quand même la chimie serait impuissante à déceler la présence de la silice dans tous les calcaires, personne ne pourrait conclure qu'elle n'y existe pas. Les diverses analyses qu'on a faites des eaux de la mer et de l'air atmosphérique, laissent tant à désirer, que l'on a mis en question si la matière, dans un état de division extrême, était accessible à nos moyens d'investigation ; et l'état gélatineux de la silice que les eaux de Mont-d'Or, de Poorgootha et de Néris contiennent, est encore un mystère.

Après cela, on n'a pas de peine à comprendre comment les couches sédimentaires, toutes formées dans un court espace de temps, se sont solidifiées au moment même de leur formation On peut aussi avoir égard à la pression exercée par une quantité d'eau plus ou moins grande, à l'état thermométrique de l'eau, sans doute un peu plus élevé qu'à l'ordinaire, par l'éjection fréquente des matières intérieures du globe à chaque secousse et par chaque crevasse de la surface ; et enfin au mélange de plusieurs principes minéralisateurs provenant des exhalaisons internes, de

---

dant l'appui de leur portion intermédiaire et de leur base ; ils se sont brisés et éboulés. Voilà les fentes et les cassures primitives dont nous parlons ; on peut les observer dans toutes les vallées tertiaires, ordinairement petites et étroites.

gaz, de la décomposition des laves formées au contact des eaux du déluge, etc.

Toutes ces choses seront développées en leur lieu. Il nous suffit ici d'avoir constaté le fait général de la solidification des roches par la silice. Si les calcaires lui doivent leur dureté, peut-être conjointement avec les causes que nous venons d'énumérer, il ne peut rester aucun doute sur la cause lapidifiante des roches plus fortement silicatées, si nombreuses dans les formations diluviennes. L'on conçoit fort bien dès lors que l'eau, fortement imprégnée de cette substance, a pu laisser déposer la silice en plusieurs endroits, seule ou mêlée au carbonate de chaux, de manière à former ces silex impurs, ces calcaires remplis de nodules de silice, ou de zônes de quartz opaque et calcifère, que l'on observe si souvent dans les terrains diluviens, et dont on a dissimulé la fréquence, pour ne pas être obligé d'expliquer un fait aussi irrécusable. Dans les systèmes en vogue, on a essayé, il est vrai, d'en donner une explication, mais il faut des dissolvants puissants, une mer à peu près bouillante, etc..., toutes choses complètement inadmissibles. En effet, des dissolvants énergiques, tels que les acides minéraux, par exemple, auraient altéré, rongé, détruit les corps organisés, qui se sont au contraire parfaitement conservés et lapidifiés ; et une température très-élevée de l'eau ne pouvait avoir une cause plausible, ni satisfaire à toutes les difficultés.

Pour qu'il ne reste aucun doute sur la valeur réelle

et l'exactitude du fait général de la solidification des roches, il faut faire attention que l'eau dissout la silice qui se forme à son contact sans l'intermédiaire de l'air. C'est là un autre fait parfaitement démontré par la chimie. L'eau diluvienne dut en puiser beaucoup aux roches d'épanchement qui jaillissaient aux surfaces qu'elle recouvrait. Les divers gaz et les divers principes minéraux, également dégagés de l'intérieur par les nombreuses crevasses et par les cratères d'épanchement durent même la lui fournir à l'état natif et en grande quantité.

Maintenant, laissons là les opérations intimes de la nature dans la solidification des roches ; laissons ces mystères. Déjà nous avons jeté, ou plutôt nous avons laissé le voile sur les combinaisons primitives de la matière dans la formation du globe terrestre, et nous nous sommes contenté du fait patent de la composition générale et de la solidification des roches primitives toutes siliceuses ; il faut donc aussi que le même fait nous suffise pour les autres terrains, et c'est avec d'autant plus de raison, que leur formation n'a pas été le résultat simple de combinaisons primitives, mais bien le résultat très-compliqué de grands bouleversements : car ils ne sont composés que des matériaux fournis par l'altération et la dégradation des premiers dépôts, et ils offrent dans leur composition, dans leur texture et dans leur stratification, une multitude d'accidents qu'on n'a pu expliquer jusqu'ici, et dont on n'a pu saisir le fil, faute d'avoir reconnu le déluge pour la cause géologique unique et universelle. Telle est, *à priori*, l'idée qu'on doit se faire des terrains diluviens, la seule que l'observation confirme complètement.

§ VII.

ALLUVIONS ANTÉDILUVIENNES.

Après la création de l'homme, les terrains primitifs existaient seuls. Ils formaient les montagnes, les plateaux, les plaines et les vallées de soulèvement. Le sol devait être varié par des changements de niveau, des ondulations, des vallées d'érosion. Ici devaient apparaître les roches granitiques, là des sables cristallins, des roches d'épanchement, des pics, des cratères éteints ou en activité, des fleuves, des torrents, des sources, etc... L'argile, recouvrant tous les bas-fonds et les pentes faibles, était disposée tantôt en couches épaisses, tantôt en strates moins puissantes. Les détritus végétaux s'accumulaient incessamment à sa superficie, ou bien étaient emportés par les eaux courantes, qui devaient aussi découper çà et là le sol, pour former une multitude de mamelons sur les talus les plus insensibles. Enfin, les vallées d'érosion, premier effet de la retraite des eaux à l'époque de la formation des mers, durent continuer à fournir leurs matériaux meubles aux eaux qui les traversaient.

Pendant seize siècles que dura cet état de choses, il se forma des attérissements et des alluvions. Les montagnes se dégradaient, les mers rongeaient les falaises et ne cessaient de modifier les rivages, pendant que les volcans, les pluies et les vents agissaient de la même manière sur la terre ferme. Il se passait, en un mot, et nécessairement pendant l'époque antédiluvienne, les mêmes phénomènes géologiques qu'aujourd'hui, et, si l'on veut, avec plus d'activité qu'aujourd'hui.

Les atterrissements antédiluviens sont donc un fait incontestable, et pourtant un fait dont la science n'a pas profité, parce qu'elle l'a méconnu.

On ne peut supposer, avec M. Glaire, que tous les terrains de sédiment soient le résultat des alluvions antédiluviennes. Pour que cette hypothèse pût être admise comme une vérité, il faudrait, outre l'existence d'un sol intermédiaire aux couches, que la plus grande partie du continent primitif n'offrît pas d'autre couche superficielle que celle du terrain primitif, afin que l'espèce humaine du moins eût pu vivre quelque part; il faudrait admettre aussi que la formation des atterrissements eût été si rapide et si violente, que ceux-ci eussent entassé, dans l'espace de 2 ou 3 mille ans, des formations de plus de mille mètres, tandis que, depuis le déluge, les pays historiques n'ont pas sensiblement changé, et que la France, depuis 15 siècles, est demeurée la même.

Les terrains d'alluvion formés avant le déluge ont donc été circonscrits à peu près comme ceux d'aujourd'hui ; comme eux aussi, ils sont le produit de la dégradation des terrains antérieurs par l'action des eaux qui en ont entraîné les détritus dans les bas-fonds et à l'embouchure des fleuves.

Ces terrains antédiluviens doivent contenir toute espèce de corps organisés, à l'état fossile ; et ils doivent occuper des espaces fort limités, puisqu'ils n'ont eu que seize siècles pour se former, tandis que les alluvions modernes, qui se forment depuis quatre mille ans, sont aussi assez peu considérables pour que les géologues les plus exacts se bornent à en faire mention, et ne se permettent pas d'en faire remonter le commencement au-delà du déluge ; car la forme des continents n'en a point été modifiée d'une manière sensible, non plus que par les autres causes physiques.

Les volcans ont couvert çà et là quelques contrées de leurs laves dévastatrices. On cite surtout la fameuse éruption du Carguarazo (1698), qui couvrit de boue douze lieues de pays ; celle d'Irlande en 1783, qui dévasta une vallée de vingt lieues, ; le tremblement de terre qui ravagea la Calabre (1783), et l'action soulevante du noyau fluide qui exhausse insensiblement le sol de la Suède. On a constaté le soulèvement brusque du pays de Coutch (Inde, 1819), celui des côtes du Chili (1822-1837), sur une étendue de deux cents lieues, et l'affaissement de plusieurs localités.

Les dunes, ou montagnes de sable que le vent pousse devant lui, s'observent en divers points du globe, et ont enseveli, depuis les temps historiques, plusieurs villages en France même, et leur marche envahissante franchit tous les obstacles.

Les atterrissements les plus remarquables du Gange, du Danube, du Nil, du Rhône, du Rhin, du Mississipi et de tous les fleuves, ont été parfaitement étudiés. On connaît le port immense de l'antique Toroentum (Var), si bien comblé qu'il a fait place à une plaine fertile et couverte d'habitations. Mais, au sujet des attérrissements, nous devons faire observer qu'on a étrangement exagéré ceux du Mississipi, en les portant à deux lieues par an, année commune : d'après ce calcul, le lit entier de ce fleuve immense ne coulerait que sur des terrains déposés par lui, dans un cours de six mille lieues, ce que l'on ne peut admettre. D'ailleurs, le célèbre de Humboltd et d'autres savants voyageurs, ont constaté des terrains de toute espèce dans les environs de ce fleuve géant.

Les éboulements ont été quelquefois très-considérables : tels sont ceux de Luc (Drôme), de Ruffiberg (Suisse), de Pleurs (Italie), etc...

Les tourbières travaillent continuellement à combler des bas-fonds en Hollande, en Prusse, etc... Les fleuves, dans leur débordement, exhaussent les vallées qu'ils traversent. (1)

---

(1) C'est à cette cause qu'on peut rapporter ces dépôts d'alluvion quelquefois très-épais, retrouvés en certains lieux avec des objets d'industrie humaine, des médailles qui ont indiqué la date de leur commencement. Telle est cette couche d'alluvion de 6 mètres d'épaisseur, déposée sur un sol où l'on a trouvé des monnaies

Enfin, toutes les causes capables de modifier la surface terrestre ont été étudiées et consignées dans tous les livres de géologie, qui répètent toujours à peu près la même chose. Et il résulte des documents recueillis, que, sur une étendue de 5 millions de myriamètres carrés, mesure de la superficie du globe, quelques centaines de myriamètres seulement ont subi des modifications appréciables, et cela dans l'espace de quarante siècles.

Maintenant, que sont devenus ces mêmes terrains antédiluviens, et quelle place doivent-ils occuper dans les cadres de la science?

Terrains meubles, pour la plupart, ils ont fourni des matériaux aux eaux du déluge; ils ont été enlevés au milieu des bouleversements de la croûte solide par l'océan déplacé tel a été encore le sort des talus de montagnes, des éboulements et de tout ce qui n'a pu résister à la violence d'un premier débordement. Cependant, il a dû subsister quelque part, derrière des chaînes de montagnes primitives et dans les points de remous, à l'abri de l'action érosive des eaux, plusieurs bassins d'alluvion ancienne avec ses fossiles. Ce terrain renfermerait donc les débris d'êtres organisés de

---

d'Édouard IV (Angleterre). Mais on se tromperait fort si l'on calculait sur de pareils faits la formation des alluvions, parce qu'ils sont rares, et le produit des cours d'eau et des inondations. Encore faut-il que ces eaux soient très-limoneuses; car on connaît de petits lacs et de simples étangs qui, depuis plus de mille ans, n'ont pas sensiblement diminué d'étendue ni de profondeur.

toute espèce, peut-être des restes humains, et ils se trouveraient au-dessous des terrains de transition (1).

§ VIII.

FOSSILES.

Le fait unique du gisement des fossiles pourrait suffire pour attribuer au déluge mosaïque seul, la formation de tous les terrains superposés au granit. Ce fait démontre d'abord que les fossiles ont été transportés et mélangés par des courants qui ont ravagé toute la terre ; et, en second lieu, que les corps organisés qu'ils transportaient ont été ensevelis dans les couches diluviennes de diverses manières : tantôt ils ont été

----

(1) Voici un fait remarquable, rapporté dans le *Dictionnaire de physique* de Paulian, Article PÉTRIFICATION : « ......On fit sauter un rocher (à Aix, en Provence), vers la fin du mois de janvier 1760, et on y trouva, à la profondeur de cinq à six pieds, des corps d'hommes pétrifiés, qui faisaient exactement corps avec le rocher. Ces corps étaient debout, à environ un pied et demi. On en a conservé six têtes et beaucoup d'ossements ; il y en a surtout dont les traits du visage sont bien marqués; les autres ne laissent apercevoir que le crâne ; le reste de la tête est en pierre, d'une dureté égale à celle du marbre le plus dur. Cette partie est brute comme celle d'une pierre ordinaire. Ces six têtes étaient tournées au couchant. On a retiré quantité d'os de jambes et de cuisses parfaitement pétrifiés. On aperçoit sur quelques-uns de ces os une enveloppe rembrunie très-dure. Les parties osseuses ont, dans plusieurs endroits, conservé leur blancheur; en les grattant, on en enlève quelques particules, comme l'on fait à du plâtre dur; et la moelle de ces os est généralement cristallisée. »

jetés violemment dans les dépôts inférieurs par la première invasion de l'eau sur les continents ; tantôt ils ont été recouverts par les matières de sédiment dans des couches où ils font exception, soit par leur présence même, soit par des situations anormales. Mais ordinairement ils sont ensevelis dans les divers dépôts selon leur pesanteur relative.

Toutes ces données sont prises de la nature elle-même. Un torrent débordé emporte tout ce qu'il rencontre ; il arrache les pierres, dissout la terre, etc. Au premier contour que fait son courant dévastateur, au premier abri d'un obstacle quelconque, l'eau se répand, et son impétuosité s'affaiblit. Alors les corps les plus pesants, les pierres, le gravier, se déposent en retenant pêle-mêle des morceaux de bois et des débris organisés que la violence des flots poussait en avant : ce n'est là qu'une exception. Tous les corps qui surnagent sont repoussés sur les bords du courant où l'eau est moins agitée ; les uns y échouent, et parmi eux, plusieurs sont immédiatement recouverts de limon ou de gravier, les autres continuent à suivre le cours de l'eau ; et, dès qu'elle arrive dans un endroit spacieux, tout ce qu'elle entraîne se dépose tranquillement : l'argile et le limon le plus fin occupent toujours la surface, et les corps qui surnagent échouent sur la première éminence, où, à moitié ensevelis dans le limon, ils sont complètement recouverts par une seconde débâcle. Des arbres entiers peuvent être enlevés par les eaux, avec leurs racines, et ils se déposent souvent alors dans une position verticale, parce que les parties supérieures, la tête ou le feuillage, pèsent moins que les parties inférieures. Nous ne voulons pas pousser plus loin l'analogie. Chacun peut facilement y suppléer.

Telle est la disposition des fossiles dans toutes les couches qui en renferment.

La première preuve en est le mélange de tous les êtres vivants sous toutes les latitudes, ou le transport dans le nord des espèces qui ne vivent que dans les pays méridionaux. Ce fait est évident et personne ne l'a nié ; mais, au lieu d'attribuer ce pêle-mêle et ce transport à l'action violente de grands courants d'eau, les géologues en ont conclu qu'une catastrophe subite avait enseveli ces êtres sur place, et, après cette belle conclusion, il leur a fallu croire et écrire que le palmier végétait sous la zône glaciale du Kamtchatka comme le lichen en Laponie ; en un mot, que les plantes et les animaux, qui sont connus pour ne pouvoir vivre que sous les régions les plus chaudes, ont autrefois vécu sous les pôles. On l'a écrit et répété à satiété, et, pour le *prouver*, on a eu recours à l'hypothèse de l'incandescence originelle du globe, et on a dit que, lorsque ces animaux et ces végétaux subsistaient ainsi, la terre n'était pas encore tout-à-fait refroidie.

Mais, avec ces hypothèses, on ne tient pas

compte de l'absence du sol végétal de cette époque fabuleuse ; on ne tient pas compte non plus de la présence des corps fossilifiés dans toute l'épaisseur des couches, épaisseur qui est quelquefois énorme ; on ne tient pas compte du fait remarquable du morcellement des animaux terrestres dont on ne retrouve presque jamais les squelettes entiers, tandis que les animaux marins et tous ceux qui vivent dans l'eau n'ont souvent reçu aucune atteinte, sans parler des coquilles les plus déliées qu'on a retrouvées intactes : on a aussi recueilli de grands animaux marins entiers, d'immenses squelettes de sauriens complets, et à tel point, qu'on a pu observer dans leur ventre des animaux entiers ou des débris d'animaux non digérés.

On ne dit pas comment il se fait qu'un grand nombre de strates ne contiennent qu'une espèce de fossile. Les uns sont composés d'huîtres, les autres de poissons, quelques-uns de débris d'animaux terrestres, etc... Souvent tous les corps d'une même couche ont à peu près la même grosseur, et ordinairement ils sont tous placés dans la même position, avec la partie la plus pesante en bas. L'action des eaux diluviennes prouve parfaitement tout cela. Les animaux aquatiques, s'y trouvant dans leur élément, ont pu vivre et même manger jusqu'à ce qu'ils aient été ensevelis dans les matériaux déposés aux diverses périodes de çette grande catastrophe ; tandis que les animaux terrestres ont dû se corrompre et être démembrés avant d'être empâtés à leur tour dans les couches sédimentaires, par leur échouement sur les premières éminences qui se montrèrent. Et, si l'on n'y a pas trouvé des restes humains, c'est que les hommes n'ont pu surnager comme les animaux ; en supposant même qu'un grand nombre d'entre eux aient pu nager quelque temps, la fatigue causée par la position qu'exige cet exercice, les aurait bientôt fait périr dans les flots, tandis que les animaux ont pu nager long-temps presque dans leur situation naturelle ; et dès lors les hommes ont dû être ensevelis dans la première formation diluvienne ou de transport, c'est-à-dire dans les couches de transition. Ces idées sont parfaitement développées par M. Chaubard dans sa Géologie.

La seconde preuve que tous les fossiles sont dus au grand cataclysme, c'est leur accumulation dans les couches, d'après leur pesanteur relative. Nous venons de mentionner des bancs d'huîtres : on en trouve qui sont composés de diverses autres coquilles ; leur situation n'est pas moins significative. Quoique les bornes que nous nous sommes prescrites et la forme même de ces principes géologiques, ne nous permettent pas de produire ordinairement des faits, (1) nous en

____

(1) Des faits ! La géologie en est encombrée, tout le monde en

citerons pourtant quelques-uns sur le sujet qui nous occupe.

L'île de Scheppey, à Londres, offre dans son argile une collection de divers fruits qui paraissent avoir tous été à peu près du même poids ; M. Bowerbank en conserve plus de 25 mille échantillons.

Dans le terrain houillier d'Écosse, on voit des couches exclusivement composées de coprolithes , ou excréments de poissons ; ils sont parfaitement pétrifiés, et l'on distingue fort bien dans leurs masses des débris de poissons dont se nourrissaient ceux auxquels ils appartiennent. D'autres couches sont encore composées d'écailles de poissons à l'exclusion de toute autre substance animale ou végétale, ou bien de coquilles d'eau douce très-légères , d'ossements d'animaux terrestres, etc...

Enfin, bien que les corps organisés aient été souvent ainsi départis dans les strates, on conçoit avec quelle facilité la violence des courants, le remaniement des dépôts et mille accidents, ont dû contribuer à ce qu'il s'en trouvât de dispersés dans toutes les couches. Ainsi , on a trouvé dans

---

connaît. On n'a qu'à ouvrir un livre de géologie pour en voir ; seulement ils y sont consignés pour satisfaire la curiosité , et le plus souvent sans explications. Avec la théorie que nous exposons, il sera facile à chacun de les rattacher à un autre ordre d'idées, à la cause diluvienne, l'unique cause géologique.

les terrains de transition, des poissons et des tor-
tues (grès pourpré d'Angleterre), des insectes
(névroptères, cléoptères, arachnides), des poissons d'eau douce et de mer, et des oiseaux ; un
passerau dans des schistes ; des coquilles univalves
et bivalves de mer, lacustres et terrestres, partout.
M. Héribert a trouvé, dans les couches carbonifères
d'Écosse, des amphibies mêlés à des coquilles d'eau
douce et à des végétaux terrestres, et les mêmes terrains en Belgique, en France, en Angleterre, etc..., ont fourni des reptiles, des poissons
de mer, des insectes, des huîtres, etc....; des
plantes lacustres (marsiliacées), des plantes marines
(fucus, algues), des plantes terrestres (fougères, palmiers, conifères...).

Les terrains secondaires ont fourni des empreintes de pieds d'oiseaux énormes (nouveau
grès rouge) (1) ; des poissons, des reptiles, des
insectes (zechstein) ; des végétaux terrestres et
marins (grès bigarré) ; des mollusques, des reptiles (muschelkalk) ; des débris de plantes et des
coquilles de terre et de mer (marnes irisées) ; des
quadrupèdes, des cétacés, des crocodiles, des

---

(1) Ces formations, comme nous l'exposerons dans le chapitre
suivant, ayant eu lieu cinq mois après le commencement du déluge, à l'époque où les eaux *allaient et revenaient*, ces empreintes
de pieds d'oiseaux trouvent une explication toute naturelle dans
la conservation de ces oiseaux sur les immenses radeaux de
bois flotté, où ils ont pu vivre quelque temps de cadavres
d'animaux.

polypiers, mille fossiles divers ; des végétaux terrestres, etc. (groupe jurassique); des animaux terrestres et marins, des empreintes de pieds d'oiseaux (dépôt crétacé), etc....

Mais les terrains tertiaires offrent le plus d'a-
nimaux terrestres et de coquilles d'eau douce, (1)
tels que débris de singes (Auch, Londres, Asie,
Brésil) ; chauve-souris, chiens, loups, renards,
marmottes, écureuils, rats, bœufs, daims, cerfs,
girafes, dromadaires, palæotheriums, hippopo-
tames, mastodontes, éléphants, etc... ; cailles,
bécasses, courlis, vanneaux, hibous, pélicans,
etc... ; des œufs, des plumes fossiles (Puy-de-
Dôme, Véronne), et même des bois ouvrés ; beaucoup
de poissons, de reptiles et de mollusques ; des arai-
gnées (Aix-en-Provence) ; plus de soixante genres
d'insectes, etc...

Une remarque essentielle à faire, c'est que partout on observe les mêmes fossiles avec le même
pêle-mêle dans les mêmes terrains, en Europe,
en Asie, en Amérique. Partout les mêmes couches se rencontrent avec le même ordre de superposition, et chaque jour de nouveaux faits ajou-
tent, s'il se peut, à la certitude du fait du déluge
comme cause unique et universelle de tous les

---

(1) On sait que les coquilles d'eau douce ou lacustres, surnagent généralement. C'est tout le contraire pour les coquilles de
mer ; c'est ce qui explique bien naturellement la présence de ces
deux sortes de coquilles dans des terrains différents.

terrains postérieurs au granit, c'est-à-dire de tous les terrains fossilifères. Les terrains les plus superficiels ont été les mieux explorés ; ce sont eux aussi qui ont fourni le plus de fossiles ; et tout annonce que les terrains de transition, s'ils étaient observés plus soigneusement et en plus d'endroits, donneraient lieu aux plus intéressantes découvertes. La Chine, le Japon et même l'Amérique du nord, renferment probablement dans les premiers dépôts diluviens des restes humains et des débris de monuments antédiluviens, parce que les mers inondantes étaient chassées de l'occident vers l'orient, et l'Asie était peut-être la seule partie habitée, ou du moins la plus peuplée.

Il y a cinquante ans, les géologues assuraient, le plus sérieusement du monde, que les terrains de transition s'étaient déposés à une époque où la vie commençait à peine sur notre planète désolée, et voilà qu'on y a trouvé jusqu'à des oiseaux, quelque faible qne soit la portion qu'on a pu en explorer. Suivant eux, les terrains secondaires dataient d'une époque antérieure aux animaux terrestres, et voilà qu'on y découvre chaque jour des quadrupèdes. Aussi félicitons-nous le clergé d'avoir toujours tenu, comme instinctivement, à la pensée dont la démonstration fait le sujet de ces derniers chapitres ; car nous ne pouvons pas lui imputer les erreurs de quelques membres isolés qui, sous l'influence académique, ont écrit et soutenu des choses contraires. Combien de fois n'avons-nous pas entendu dire à des ecclésiastiques : « Les fossilles, quels qu'ils soient, proviennent du déluge ». On les a traités pendant un temps d'arriérés, et aujourd'hui ils ont raison. La vérité se fait jour de toutes parts, et nous ne faisons, dans cet écrit, que devancer les aveux futurs et forcés de la science.

§ IX.

GISEMENT. — MÉTAMORPHISME. — ÉTENDUE DES STRATES. — LEUR PASSAGE DE L'UNE A L'AUTRE — — ÉQUIVALENTS. — REDOUBLEMENTS.

Nous allons constater ici quelques faits généraux qui ont été observés par tous les géologues sans exception.

1° *Gisement.* La subordination des couches selon l'ordre de leur succession, ou, si l'on veut, l'ordre de leur superposition, est si invariable et en même temps si évident, que nous ne voulons pas nous y arrêter. Nous ne dirons rien non plus des divers modes de stratification, c'est-à-dire des modes *concordant*, *discordant*, *horizontal*, *vertical*, *disloqué*, *contourné*, *soulevé*, etc..., bien que l'explication de chacun de ces termes réclame l'action du déluge et des bouleversements de la croûte terrestre durant cette grande catastrophe.

Mais il est une espèce de roches dont le privilége est de se montrer dans toutes les formations et à tous les degrés de l'échelle géologique : ce sont les roches d'épanchement. Nous en avons vu dans les terrains primitifs. Leur nombre, dans les terrains postérieurs, est d'autant plus considérable que le globe fut soumis à de plus grandes convulsions pendant le déluge ; leur présence dans ces terrains est une preuve palpable de ces secousses violentes auxquelles la terre fut livrée sur tous les points.

Les roches d'épanchements ne sont autre chose que la matière pâteuse de l'intérieur du globe, qui, s'étant fait jour par une multitude de crevasses, s'est répandue à la surface aux diverses phases de la terrible inondation. Nous ne dirons rien de plus ici sur leur production, si ce n'est pour faire remarquer que, depuis le granit jusqu'à la lave moderne, cette espèce de roche n'offre que de légères variations dans sa composition chimique : ce sont toujours des silicates, tantôt avec certains cristaux entiers, tantôt avec ou sans alumine, ou bien avec plus ou moins de fer, etc.... Mais il n'en est pas de même de leur texture : elle varie depuis le granit le plus compacte, au grain le plus invisible, à la cristallisation la plus fine, jusqu'à la lave poreuse de nos volcans ; ou depuis le trachyte le plus poreux des terrains de transition jusqu'aux laves les plus unies et

les plus granitoïdes de quelques éruptions modernes. (1)

La cause de cette variété de texture dans les
roches d'épanchement, provient de ce qu'elles
n'ont pas toutes jailli sous la même pression, de
ce qu'elles sont parvenues à la surface sous l'eau
ou à l'air, de ce que leurs coulées ont été plus ou
moins promptement recouvertes par des masses
différentes de terrains de sédiment, et enfin
de ce qu'elles ont subi l'action plus ou moins in-
tense de la chaleur centrale et des courants cosmiques.

Ces roches, poussées à la surface par le déplacement de la masse ou par les contractions de l'é-
corce solide, se sont ouvert des passages, à travers les couches solidifiées, par des crevasses qui
affectent mille formes diverses. C'est quelquefois
en se glissant de l'intérieur à l'extérieur par une ou
plusieurs ouvertures et pénétrant les roches solides par une multitude de rameaux ou de veines ;
d'autres fois, c'est par une large crevasse qu'elles
ont remplie en formant des dykes. Souvent il est
arrivé qu'au lieu de percer toutes les couches,

____

(1) Aussi faut-il admettre en principe que le porphyre est un
granit comme la lave ; que le basalte est un granit comme le
tropp, etc. Ce qui n'empêche pas de désigner toutes ces roches
d'épanchement par des noms particuliers, pourvu qu'elles soient
classées sous la dénomination générique de granit ou de silicate.

elles ont soulevé les plus superficielles et se sont
infiltrées horizontalement entre elles et les couches inférieures ; plus souvent encore, ces matières pâteuses sont parvenues à la surface où elles
se sont répandues en nappe sur d'immenses étendues ; et, comme c'est à toutes les périodes du
déluge qu'elles ont été poussées au dehors, toutes
les couches diluviennes en ont été plus ou moins
pénétrées. Les porphyres, les syénites, les tra-
chytes, les basaltes, les laves, sont les principales divisions du groupe aussi nombreux que
varié des roches d'épanchement. Elles se montrent fréquemment en couches redoublées dans
les terrains de transition, où elles atteignent
plus de mille mètres d'épaisseur en quelques endroits.

2° *Métamorphisme.* Partout où l'on observe des
roches d'épanchement, l'on constate aussi une certaine
altération dans celles qu'elles ont pénétrées plus ou
moins profondément. Cet effet doit être attribué à la
chaleur, à la pression et aux courants cosmiques. Le
contact de la pâte centrale, sur une grande étendue
horizontale, a même modifié la texture et la composition chimique de couches entières, qui dès lors doivent
prendre le nom de roches métamorphiques. Une pareille transformation a été subie par toutes les couches
profondes sur lesquelles la chaleur a eu une action
assez vive et assez prolongée, indépendamment de
l'action de la pression. C'est ainsi que les argiles du

terrain primitif se sont converties en schistes quelquefois assez dur ; il en est arrivé de même aux argiles du terrain de transition : on les exploite sous le nom d'ardoise. Les argiles des autres terrains et même celles d'alluvion modernes, acquièrent ordinairement aussi la texture feuilletée.

Les mêmes causes ont transformé les sables cristallins et quartzeux, en quartzite et en grès compactes ; les sables, les graviers, les lits de cailloux roulés, en grès fin ou grossier et en conglomérats ; les calcaires en marbre ; la houille en coke ou charbon brulé, etc.... Tous ces changements s'observent aussi au voisinage des dykes, des filons remplis par des matières épanchées. Enfin, plusieurs roches ont été diversement colorées ou veinées par l'introduction de nouveaux éléments dans leur masses, ou par l'action de la chaleur sur le fer ou sur d'autres principes colorants qu'elles contenaient.

Nous ferons encore une remarque relative aux matières que les roches d'épanchement ont introduites dans les couches exposées à leur contact. Un fait suffira : des calcaires y ont été imprégnés de magnésie, au point d'en changer de nature ; on les connaît sous le nom de calcaire magnésien, ou *dolomie*. La magnésie cependant disparaît dans les couches supérieures pour faire place à un principe sulfureux qui, répandu dans les eaux du déluge, a contribué à la formation du sulfate de chaux, ou gypse.

3°, *Étendue*. Il y a des couches qui se montrent quelquefois sur une grande partie du globe ; toutes d'ailleurs reparaissent sur tous ses points. L'explication de ce fait exige l'intervention d'une cause universelle dont l'effet s'est fait ressentir presque en même temps sur toute la surface de la terre. Comme on devait s'y attendre, les couches les plus inférieures sont les plus universellement répandues : telles sont les strates de transition. Les terrains secondaires n'ont pas le même caractère d'universalité, quoiqu'ils soient incomparablement plus répandus que les terrains tertiaires. Ceux-ci étant le résultat de dépôts partiels à l'époque de la retraite des eaux, sont aussi les plus circonscrits et manquent en beaucoup de contrées.

4° *Passage*. On a constaté par toute la terre que toutes les couches, après s'être développées uniformément sur une plus ou moins grande étendue, et sans éprouver d'interruption dans leur continuité, changeaient de caractère, quelquefois brusquement, d'autres fois insensiblement. Ainsi, il est très-ordinaire de voir une couche de grès fin passer peu à peu à un grès plus grossier, et devenir enfin du simple gravier ou un conglomérat ; la craie passer au calcaire et réciproquement, etc.... De tels accidents géologiques ne peuvent avoir été produits que par un changement survenu dans la nature du liquide, c'est-à-dire dans les matières qu'il contenait ; et comme ces changements s'observent sur des lignes très-étendues, il s'ensuit que le liquide qui a déposé la matière des couches qui les présentent, devait occuper aussi un espace immense, qu'il devait couvrir en un mot toute la terre, puisque ces phénomènes s'observent partout, et qu'ils n'ont pu avoir lieu que par le mouvement du liquide et par son déplacement successif et contemporain. On observe également le passage du granit au gneiss, du trachite au porphyre, etc .. Ce phénomène est très-commun dans les terrrains primitifs pour les couches qui le composent, et il est dû à la même cause. On l'observe aussi dans les roches d'épanchement, parce qu'elles ont été produites dans des circonstances de bouleversement extraordinaire, comme l'inondation diluvienne, seules capables d'influer sur leur texture, etc....

5° *Équivalents.* Enfin toutes les formations géologiques, ou les terrains, comprennent une certaine série de couches qui ne sont pas constantes. En d'autres termes, une formation n'est pas toujours complète. Soit, par exemple, une formation composée des termes suivants : calcaire, marne, roche d'épanchement, etc. ; il arrivera que le calcaire, dans son développement, deviendra marneux et enfin de la marne pure. En même temps, la roche d'épanchement peut venir à manquer, et la couche de marne, continuant à se prolonger entre d'autres formations, représenté celle à laquelle elle appartient et la constitue a elle seule. Des accidents de ce genre sont très-fréquents ; ils ont lieu pour toutes les formations, et peuvent être une source d'erreurs dans les évaluations de terrain. Il en est de même du fait dont nous allons parler, et tous deux prouvent encore l'universalité et la contemporanéité de la cause qui les a produits.

6° *Redoublement.* Une formation, au lieu d'être réduite à un seul de ses termes, les redouble quelquefois : soit une formation composée de sable, calcaire, argile et roche d'épanchement ; elle offrira, en quelque partie de son étendue, un redoublement du calcaire, ou même de tous les termes dont elle se compose ; tandis que la formation qui lui est inférieure ou supérieure, pourra n'en avoir plus qu'un seul. L'erreur est facile ; mais elle l'est bien davantage quand le redoublement a lieu plusieurs fois, ce qui n'est pas rare, ou quand c'est la même couche qui est redoublée immédiatement. C'est l'habitude d'observer qui fait le géologue.

§ X.

FOSSILIFICATION. — ACCIDENTS DE CRISTALLISATION. — PÉNÉTRATION DES ROCHES.

1° *Fossilification.* L'explication de ce phénomène fut long-temps une pierre d'achoppement pour les naturalistes. Aujourd'hui encore, ce mystère n'est pas entièrement expliqué. Goppert, en oppérant la fossilification de diverses substances par leur longue macération dans de l'eau saline, ferrugineuse, a fait concevoir la fossilification des êtres organisés ensevelis dans les couches terrestres ; mais comment cette opération a-t-elle lieu ? Le mystère gît dans la *pénétrabilité* de la matière, et dans la substitution d'un atôme à un autre dans un corps. Il nous est impossible de nous faire une idée de l'infinie petitesse des atomes élémentaires. Un savant moderne a été jusqu'à dire qu'au-delà de la matière ainsi divisée, il n'y avait que le néant. Un atome est donc si délié qu'il pénètre à travers tous les corps les plus denses, sous l'impulsion des courants luminiques ; et on en a des preuves suffisantes, car ces corps sont encore plus poreux qu'il ne faut pour livrer passage à ce qui s'approche si fort du néant.

Dès qu'un corps organisé est déposé dans une couche quelconque de la terre, il arrive qu'après un certain laps de temps, et par un effet du travail continuel de la matière dans les plus grandes profondeurs du globe, ce corps se désagrège peu à peu, molécule par molécule, et se reconstitue, sans changer de formes, avec de nouvelles molécules de silice, de fer, de cuivre, de carbonate de chaux , etc... Rien ne ressemble mieux au travail de nutrition et d'excrétion des corps animaux vivants : il se fait une espèce de transsubstantiation complètement inexpliquée. Quelle merveille en effet dans la pétrification d'une larve d'insecte, où la chrysalide ainsi transsubstantiée, demeure cependant libre dans sa coque !

Les nouvelles molécules se moulent avec la plus grande perfection sur tous les vaisseaux et sur tous les linéaments les plus déliés de la texture du corps en voie de fossilification. Nous avons des ammonites en cuivre dont la surface a conservé le moiré de la coquille vivante , et le cuivre en a rempli tout l'intérieur où il est en cristaux brillants. Souvent le travail n'est pas si délicatement fini, il ne paraît qu'ébauché ; d'autres fois, le corps organisé n'est pétrifié ou minéralisé qu'en partie. On a vu des poissons dont la moitié inférieure était en cuivre et l'autre moitié en calcaire ; on rencontre souvent des morceaux de bois silicifiés sur un point et réduits en lignite ou en jaspe sur un autre.

Or, les eaux du déluge possédaient, au degré le plus éminent, la propriété lapidifiante et fossilifiante. A travers les crevasses de la croûte terrestre, furent projetés, de toutes parts au milieu des eaux , des gaz, des matières minérales, des roches siliceuses d'épanchement , etc.... L'eau s'imprégnait de ces divers principes en les dissolvant, et chaque couche qu'elle déposait s'en trouvait pénétrée. Nous ne concevons pas qu'on ait pu objecter à un écrivain qui voulait prouver le déluge par l'existence des fossiles, une propriété rongeante des eaux qui aurait détruit les corps organisés. Fût-il sorti du sein de la terre des sources d'acide sulfurique, cet acide ne se serait-il pas combiné aussitôt avec mille substances contenues dans les eaux ?

2° *Accidents de cristallisation.* La plupart des veines et des nodules qu'on observe dans les roches, sont dues à la cristallisation. Les matériaux déposés dans l'eau étant variés, la substance la plus abondante constitua la roche, et les autres s'en séparèrent dans tous les sens pour former de petits lits, des veines, des nodules, suivant la pesanteur relative de leurs molécules et les lois de la cristallisation de chaque corps, c'est-à-dire suivant les divers degrés d'affinité moléculaire. C'est par cette espèce d'agrégation que se sont formées les lignes diversement colorées des marnes, les veines cristallisées des calcaires, les veinules de la craie, les marbrures des roches granitiques, des marbres, etc... Mais, dans ces derniers cas, c'est plus particulièrement le phénomène thermo-électrique qui a déterminé les accidents de cristallisation.

M. Pelletier, ayant réduit en pâte un mélange d'alun, d'argile et d'eau, a obtenu un précipité d'argile rempli de cristaux d'alun agglomérés et distincts. C'est ainsi que se sont formés les divers cristaux que l'on trouve dans beaucoup de couches d'argile et de marne, comme les cristaux de carbonate et de sulfate de chaux des marnes tertiaires, ceux de sulfate de fer et de cuivre, des schistes de transition et des marnes secondaires, ceux des porphyres, etc...

Les géodes calcaires et siliceux, les nodules de toute espèce de minéraux répandus dans les couches, n'ont pas d'autre origine. Il se forme encore tous les jours des rognons ferrugineux, des agglomérations cylindriques de fer azuré ou phosphate de fer, autour des racines d'arbres qui plongent dans la vase de certains étangs, et même des rognons siliceux semblables à ceux de la craie et des grès verts. En bêchant un jardin (1782), on en trouva un qu'on cassa ; il était rempli de pièces de monnaie dont les plus récentes n'avaient pas deux cents ans de date (*Journ. des mines*, n° 23, p. 75). M. de Buch, étudiant les faits de cette nature, a dit : « Toutes les diverses formations ne sont dues qu'au repos et au mouvement diversement modifiés par les forces d'attraction ». (*Voyage en Norw.*, ch. 8.) Évidemment, la force luminique pénètre le globe et en modifie incessamment les molécules constituantes.

3e *Pénétration*. Un grand nombre de faits

déjà rapportés sont dus au phénomène de la pénétration des molécules élémentaires à travers les couches terrestres, où elles sont retenues suivant leurs affinités. Le granit lui-même est modifié, dans sa composition chimique, au point de contact avec les veines de granit épanché qui l'ont traversé ; le fer a passé d'une couche à l'autre. Les couches voisines des dépôts de houille sont imbibées de carbone au-dessus et au-dessous. La plupart des roches éprouvent une espèce de suintement de particules qui viennent se cristalliser ou se déposer à leur surface, et toutes sont pénétrées par de l'eau. Enfin, un des plus grands effets de la pénétration des couches par les atomes minéraux, c'est la formation des filons métalliques.

§ XI.

FILONS MÉTALLIQUES.

Nous abandonnons volontiers à la dispute des savants le mode de formation de certains filons, (1) plus ou moins métallifères, qu'on pourrait attribuer à l'injection des matières fluides du globe ; mais il n'en

(1) Dans plusieurs points des Pyrénées, par exemple, on voit des couches de grunstein et de feldspath compacte, dans le calcaire de transition. Elles ne paraissent être autre chose que des filons, soit d'épanchement, soit de transsudation, ou de pénétration.

est pas ainsi pour le grand nombre et surtout pour les vrais filons métalliques.

Nous les attribuons à l'action des courants telluriques et même héliaques, qui, traversant les couches terrestres, y déposent ou y modifient incessamment certaines substances métalliques. Nous l'avons admis *à priori*, du moment que nous avons considéré la terre comme une pile qui trouve en elle-même la force luminique dont les courants la rattachent au soleil et aux autres astres, et transportent des molécules élémentaires absolument comme les courants de la pile voltaïque.

Mais l'observation nous est venue en aide. Déjà, en 1830, il était question à l'Institut de France (séance du 18 octobre) d'établir les rapports des filons métalliques avec les courants électriques du globe. M. William Fox, sur des observations faites dans les mines de Cornouailles, avait découvert que leurs filons avaient une action manifeste sur l'aiguille aimantée. La direction des courants était en rapport avec l'inclinaison des filons et avec l'axe des pôles magnétiques.

C'était donc avec grande raison que M. Cordier disait : « L'existence de courants électriques opposés dans la terre mettra peut-être sur la voie pour expliquer les causes de la variation magnétique ». Ces causes sont toutes trouvées : ce que nous avons dit dans les chapitres précédents, les observations remarquables de M. Becquerel et de plusieurs autres savants, ne laissent plus qu'à expérimenter sur la voie large et féconde ouverte par l'unité de la force-luminique.

Quant aux filons métalliques eux-mêmes, ils traversent tous les terrains et paraissent souvent occuper des crevasses anciennes. Ceux de Mansfeld, par exemple, traversent les terrains de transition et les terrains secondaires, à peu près comme les filons de sulfure de mercure du Pérou. Ceux des mines fameuses de Cornouailles pénètrent les couches tertiaires. Le riche filon de Guanaxato traverse toute une formation de transition d'une puissance énorme ; c'est le plus riche en minerais d'argent de tous les filons connus.

Les syénites et les grunsteins de Hongrie et de Pensylvanie abondent en or et en argent. Ce dernier minerai remplit des fissures d'une immense étendue dans les porphyres de Pacheuca (Mexique), de Biscaina et du Xacal : le seul puits d'Encino, à Pacheuca, fournit, dans ses exploitations régulières, 300,000 marcs d'argent par an; les deux exploitations de Biscaina et du Xacal en donnent ensemble 542,000 ; et la veine de Real-del-Monte a donné un produit net annuel de 230,000 piastres d'Espagne. On cite encore les filons des roches quartzeuses de Minas-Geraes (Brésil), très-riches en diamant, platine, palladium et fer, tandis que des roches de même nature, à

Quito, ont été pénétrées d'une énorme quantité de souffre ; l'or s'y est joint dans les couches également siliceuses de Caxamarca (Pérou).

Souvent les molécules métalliques ont pénétré profondément les roches au voisinage des filons : c'est ce qui s'observe dans les grès rouges de Cuença, à Quito ; ils sont imprégnés de mercure.

Nous bornons là l'exposé rapide des principes qui doivent former la base de la géologie positive. Les faits nouveaux qui viennent successivement enrichir la science ne pourront que les confirmer, pendant qu'ils achèveront de démontrer l'insuffisances des théories assises sur le sable mouvant d'idées préconçues et de conceptions étroites et antibibliques.

Ces principes devront présider à la véritable classification des roches. En attendant, faisons en l'application au déluge ; mais surtout prouvons que ce grand événement trouve son étiologie dans la Bible, seule base positive de nos investigations.

CHAPITRE VI.

DÉLUGE UNIVERSEL.

Seize siècles environ se sont écoulés depuis la création de l'homme jusqu'au déluge, et, avec ces seize siècles, dix générations représentées par les dix patriarches dont tous les peuples ont conservé le souvenir. Ce fait mérite une mention : c'est Volney lui-même qui l'a constaté, (*Recher. sur l'hist. anc.*, tom. I, p. 127.) D'après Bérose, Xisuthrus (Noé) fut le dixième roi depuis Adam. De son temps, comme on sait, arriva le grand cataclysme. Abydène place dix générations avant l'époque où Bel (le Seigneur) voulut punir les hommes de leur corruption. Les Indiens y trouvent dix apparitions de Wichnou, et Sanchoniaton y compte dix générations de demi-dieux. Les Tartares et les Arabes ont conservé aussi le souvenir de dix patriarches antédiluviens ; ils donnent à plusieurs d'entre eux les mêmes noms que Moïse. Enfin, les Égyptiens ont consigné dans l'histoire des Atlantides les dix générations antédiluviennes. Or, pendant ces seize siècles, que se passa-t-il sur la terre ? quelles furent les causes du déluge ? quels furent ses effet ? Questions qui s'éclaircissent mutuellement, et en soulèvent une foule d'autres auxquelles nous allons tâcher de répondre le plus brièvement possible, tenant d'une main le livre de la Bible et de l'autre le flambeau de la science.

§ I.

CAUSES MORALES DU DÉLUGE.

Il ne s'agit ici que des causes morales. Les causes physiques seront appréciées dans la description même du cataclysme.

La grande cause du déluge, c'est le mal moral, c'est le péché. Quelle fut donc la grandeur des crimes des premiers hommes, pour mériter un châtiment si inouï ? leur science peut-être, qui était d'autant plus haute qu'elle était dégagée des mille moyens d'analyse qui entravent la nôtre tout en la constituant ; oui, leur science, cette science primitive qui n'était qu'un écoulement de celle qui leur fut transmise par Adam, et qu'Adam à son tour avait reçue de Dieu lui-même. C'est donc l'abus de cette science, qui les rendit si éminemment puissants dans le mal et si criminels devant Dieu ; car, plus le coupable est éclairé, plus il mérite d'être puni. Voici ce que dit à ce sujet un profond penseur, M. de Maistre : « Les châtiments sont toujours proportionnés aux connaissances du coupable, de manière que le déluge suppose des crimes inouïs, et que ces crimes supposent des connaissances infiniment au-dessus de celles que nous possédons. Voilà ce qui est certain et ce qu'il faut approfondir.

Ces connaissances, dégagées du mal qui les avait rendues si funestes, survécurent, dans la famille juste, à la destruction du genre humain. Nous sommes aveuglés sur la nature et la marche de la science par un sophisme grossier qui a fasciné tous les yeux : c'est de juger du temps où les hommes voyaient les effets dans les causes, par celui où ils s'élèvent péniblement des effets aux causes, où ils ne s'occupent même que des effets, où ils disent qu'il est inutile de s'occuper des causes, où ils ne savent pas même ce que c'est qu'une cause. On ne cesse de répéter : *Jugez du temps qu'il a fallu pour savoir telle ou telle chose ! Quel inconcevable aveuglement ! Il n'a fallu qu'un instant.* » (*Soirées de Saint-Pétersbourg* tom. I.) C'est-à-dire que les hommes antédiluviens possédaient la science primitivement révélée ou la science d'intuition, (1)

Dieu n'avait pas laissé cette génération coupable sans de salutaires avertissements. Depuis Seth, l'héritier des traditions saintes et du sacerdoce primitif d'Adam, chaque patriarche s'imposait le devoir de vaincre le mal par le bien. Enoch fit même des prophéties rapportées par saint Jude. Le *livre des justes*

---

(1) On se rappelle ce passage de Salomon : « *Ipse enim dedit mihi horum, quæ sunt, ut scientiam veram, ut sciam dispositionem orbis terrarum, et virtutes elementorum. Anni cursus et stellarum dispositiones, et quæcumque sunt absconsa et improvisa didici : omnium enim artifex docuit me sapientia.* » (Sap. VII-17-19-21.)

dont il est parlé dans la Bible, faisait probablement mention de cette race sainte, dont la vie pure suspendait les coups de la colère de Dieu. Mais enfin, le nombre des justes se trouva tellement réduit, au temps de Noé, que ce patriarche put seul échapper, avec sa famille, au châtiment terrible de la vengeance divine.

Dieu a mesuré l'iniquité de la terre : *Stetit et mensus est terram. Aspexit et dissolvit gentes ; et contriti sunt montes sœculi* (Habac. , III - 6.) ; il va dissoudre les nations coupables, mais ce ne sera pas inopinément. Noé avertit ses contemporains, de la part du Seigneur, 120 ans avant l'époque du châtiment. Il construisit en face de tous, l'arche de salut ; et sa foi aux menaces de l'Éternel engageait hautement les incrédules à rentrer dans la voie de la justice et du salut.

Les grands actes de la justice de Dieu en ce monde sont toujours subordonnés à sa miséricorde. En punissant, il fait rentrer l'homme en lui-même, le force pour ainsi dire au repentir, et lui offre son pardon.

L'abbé Rohrbacher s'exprime ainsi, en parlant de la génération antédiluvienne : « Cette terrible catastrophe les fit-elle rentrer en eux-mêmes, ou bien les détruisit-elle endurcis et impénitents ? Pour ce qui est de ces monstres de luxure et de tyrannie qui abusèrent de leur force pour corrompre la terre, le fils de Sirach nous dit, suivant le grec ; *Dieu ne s'est point apaisé en faveur des antiques géants qui s'étaient révoltés dans la confiance de leur force. (Eccl. XVI - 8.)* .....

Mais en est-il de même quant à la multitude de leurs contemporains et de leurs victimes ? St. Pierre nous donne meilleur espoir : *Jésus-Christ*, nous dit-il, *étant mort en la chair, mais vivifié en l'esprit, alla en celui-ci prêcher aux esprits qui étaient en prison, qui avaient été incrédules autrefois ou quelque temps, lorsque au temps de Noé ils comptaient sur la patience de Dieu.* (p. 1 et 3. - 20.) Les plus doctes et les plus célèbres interprètes entendent par là, d'un commun accord, que les contemporains de Noé ne crurent d'abord point à ses prédictions du déluge, qu'ils présumaient toujours de la patience de Dieu ; mais quand ils virent l'accomplissement de ces prédictions,... ils crurent et se repentirent. Le déluge perdit leur corps , mais il sauva leurs âmes. » (*Histoire univ. de l'Église.* t. I, p. 149.)

Le déluge , la plus grande punition temporelle connue, a donc été le châtiment des crimes les plus inouïs et les plus universels. Nous allons voir maintenant que le souvenir s'en est conservé dans les annales de toutes les nations ; ensuite nous ferons remarquer le tort des peuples modernes qui semblent vouloir faire oublier les actes de la vengence de Dieu, en atténuant celle qu'il a tirée des crimes des hommes antédiluviens. Nous verrons que le pêle-mêle de fossiles entassés dans les couches terrestres, devrait, au milieu de la curiosité vivace des hommes d'aujourd'hui, être pour eux un témoin effrayant pour leur attester, après quatre mille ans, que la colère de Dieu a passé par là, et que les menaces faites pour l'avenir ne seront pas moins ponctuellement réalisées.

C'est donc avec un profond sentiment de douleur que, jetant les yeux autour de nous pour trouver des appuis, nous nous voyons isolé et délaissé par ceux-mêmes qui sont les défenseurs-nés de la science et des vérités bibliques. Non, rien n'excuse à nos yeux ces timides savants qui sacrifient à l'esprit d'un siècle rationnaliste, le fait du récit mosaïque le plus avéré qui soit au monde, *l'universalité* du déluge.

Nous avons pourtant rencontré sur notre route un savant qui a su et osé s'élever à la hauteur du récit biblique ; or , ce savant, c'est un simple laïque, c'est M. Chaubard. Qu'il reçoive ici publiquement le témoignage de toute notre sympathie. Nous ne le citerons pas, parce qu'il traite son sujet sur un autre plan et avec d'immenses détails ; mais nous recommendons son livre (*Éléments de géologie mis à la portée de tout le monde*) à tous les amis de la science et de la vérité.

§ II.

TRADITIONS.

Les Hindous croient, dit sir William Jones, que sous Vaivasaounta , ou enfant du soleil, toute la terre fut submergée et tout le genre humain détruit par un grand cataclysme, à l'exception de ce prince religieux, de sept *Richis* et de leurs épouses. Cette histoire est racontée avec autant de clarté que d'élégance dans le huitième livre du Rhâgaouta. (Voir dans les *Recher. asiat.* , tom. II, p 171, traduc. de Paris.) On voit dans le Chou-King , Jéhova tirant l'univers du néant et formant la terre, toute la race des hommes issue d'un seul couple, et le déluge qui la submerge à l'exception d'une seule famille. On y parle de la pierre aux sept couleurs (arc-en-ciel), de Niu-Wa (Noé) qui vainquit l'eau par le bois et se sauva dans une barque. On y lit qu'une colonie des déscendants de Niu-Wa vint s'établir dans le Chen-Si, qu'elle avait pour chef le sage Yago. (*Chou-Kinh*, p. 9. — *Mém. de M. Abel Rémusat sur Lao-Tseu.*) C'est cet Yago que les lettrés Chinois, dans leurs livres, représentent occupé à faire écouler les eaux et à dessécher la surface de la terre.

Les auteurs arméniens qui ont recueilli les anciennes traditions du pays, font remonter le déluge à l'époque assignée par Moïse et ne s'écartent guerre de son récit. Le mont Ararat et la *ville de la descente* en rendent témoignage depuis l'antiquité la plus reculée.

Les Grecs avaient aussi conservé la croyance du déluge ; ils en admettaient deux, comme les Égyptiens, et on en retrouve la trace chez d'autres peuples encore. Court de Gibelin *(Monde primitif)* pense que le déluge de Deucalion est celui de Noé. Il cite à ce sujet ce passage de la bibliothèque des dieux d'Appollodore : « *Nic-Timus*, fils de *Lycaon*, puni par Jupiter, était prince d'Arcadie ; c'est sous lui qu'arriva le déluge de *Deucalion*, fils de *Prométhée* et mari de *Pyrrha*. Il vivait dans le temps que *Jou* se décida à abolir le siècle d'airain et la race abominable qui le formait ; mais, par l'inspiration divine, *Deucalion* construisit une arche de bois appelée *larnax*, qu'il garnit de toutes les provisions nécessaires. Il n'y fut pas plus tôt entré qu'il tomba des torrents d'eau qui noyèrent le genre humain, etc. »

Nic-Timus signifie Noé-le-Juste, de l'hébreu *Nuch* ou *Nuc*, Noé, et *tim*, juste, parfait. Il est prince d'Arcadie, de *arg* vaisseau, même signification que le mot *larnax* (arche de bois). *Pyrrha*, dérivé de *pyrr*, nu, sans gloire, flétri ; c'est la terre après le déluge. Enfin *deucalion*, au rapport de M. Letrone, signifie fabricateur de coffre. (*Recherches sur les zodiaques égyptiens.*)

Les traditions du nouveau monde ne sont pas moins intéressantes. Voici celle des Mexicains : Avant la grande inondation, le pays d'Anuhac était habité par des géants *(Tzocuillixèqué)* ; tous ceux qui ne périrent pas furent transformés en poissons, à l'exception de sept. »

Quelques peuples du Mexique possèdent d'antiques peintures représentant une femme avec un serpent. Ils ont conservé un groupe hyéroglyphique représentant le déluge de *Coxcox*, leur Noé. Les peuples du Méchoacon l'appellent *Tezpi*. « Il s'embarqua, disent-ils, dans un *Acalli* spacieux, avec sa femme, ses enfants, plusieurs animaux et des graines dont la conservation était chère au genre humain. Lorsque le grand esprit *Texcatlipoca* ordonna que les eaux se retirassent, *Tezpi* fit sortir de sa barque un vautour, le *Zopilate*... Tezpi envoya d'autres oiseaux, parmi lesquels le colibri revint en tenant dans son bec un rameau garni de feuilles. » (*Ext. des Ann. de philos. chrét.* t. 2.)

Il y avait en Égypte, au rapport de Champollion, un mois consacré à *Thot*, divinité secondaire, qui avait des temples où on l'adorait comme le protecteur des sciences, l'inventeur de l'écriture et de tous les arts, en un mot comme l'organisateur de la société humaine. Le nom de *Thot* signifie *conservateur des germes* ; on y joignait souvent celui de *Sotem : directeur des choses sacrées* ; deux titres qui ne conviennent qu'à Noé. (Voyez *Lett. écrites d'Égypte et de Nubie* 18e.)

Manethon, parlant des sources où il avait puisé pour composer son histoire d'Égypte, cite deux colonnes sacrées qui étaient dans la terre Sériadique, sur lesquelles *Thot*, le premier hermès, avait gravé des mémoires, autrefois traduits et mis en livre par Agathodœmon. L'historien Josèphe parle aussi de deux colonnes portant l'abrégé des connaissances antédiluviennes, qu'avaient érigées les enfants de Seth et qui auraient survécu au déluge. Ce sont probablement les mêmes que celles dont parle Manethon.

Enfin divers monuments anciens attestent le déluge, entre autres les médailles d'Apamée, en Phrygyie, et l'espèce de sarcophage en albâtre découvert par Belzoni

(1820) dans les ruines de Thèbes. Cumberland l'a fort-bien expliqué. *(Ann. phil. chrét. tom. 2.)* (1)

L'on peut même prouver cette grande catastrophe et la destruction du genre humain , à l'exception de la seule famille de Noé, par le fait d'un point unique d'où les hommes se sont successivement dispersés par toute la terre après le déluge. Il est démontré, en effet, que tous les hommes postdiluviens sont partis de l'Asie pour repeupler le monde.

« Une pareille conformité entre des nations si différentes par leurs mœurs, leurs langages et les pays qu'elles habitent, est non-seulement un témoignage de la réalité du déluge, mais encore une preuve que toutes ces traditions dérivent d'une même source et ont une même origine. Cette origine doit être la même que celle du livre le plus ancien, qui nous a transmis l'histoire d'un événement sur lequel s'accordent toutes les croyances. » *(Marcel de Serres.)*

La tradition de Moïse, dit M. Godefroy, ce monument le plus vénérable et même le plus antique, se montre au milieu des recherches comme le point de comparaison. L'histoire des Babyloniens , celle des Indiens et des Chinois, viennent se dépouiller de leurs mensonges, et la vérité historique, tant attendue,

---

(1) Ce savant reconnut, dans la forme à bateau du prétendu cercueil, un monument qui figurait l'arche. En effet, ses sculptures présentent huit hommes dans une barque entourée de flots, où apparaissent d'autres hommes qui se noient. Au-dessus de cette scène, plane une divinité.

17

sort enfin des ténèbres où elle était plongée. C'est la réponse que fait Rabeau de Saint-Étienne à Bailly, qui demande pourquoi l'effusion des eaux est la base de presque toutes les fêtes anciennes, pourquoi ces idées de déluge, de cataclysme universel, et pourquoi ces fêtes qui en sont des commémorations.

D'un autre côté, Freret et Boullanger avaient déjà dit que toutes ces idées de déluge, de cataclysme universel, et toutes ces fêtes commémoratives, sont la tradition d'un fait qui peut se justifier et se confirmer par l'universalité de suffrages, puisqu'il se trouve dans toutes les langues et dans toutes les contrées du monde ; et ce fait dont la vérité est universellement reconnue, est la véritable époque de l'histoire des nations. *(Recherches sur les tradit. relig. et philosop. des Indiens. — L'Antiquité dévoilée.)*

« Ce fait incompréhensible, que le peuple ne croit que par habitude, et que les gens d'esprit nient aussi par habitude, est ce que l'on peut imaginer de plus notoire et de plus incontestable. Oui, le physicien le croirait, quand les traditions des hommes n'en auraient jamais parlé ; et un homme de bon sens, qui n'aurait étudié que les traditions, le croirait encore. Il faudrait être le plus borné, le plus opiniâtre des hommes, pour en douter, dès que l'on considère les témoignages rapprochés de la physique et de l'histoire, et le cri universel du genre humain. » *(L'Antiquité justifiée.)* La tradition du déluge universel, dit Bossuet, se trouve par toute la terre. *(Discours sur l'hist. univ.)*

« Les auteurs du xviiie siècle, dit Benjamin Constant, qui ont traité les livres saints des Hébreux avec un mépris mêlé de fureur, jugeaient l'antiquité d'une manière misérablement superficielle ; et, pour s'égayer avec Voltaire aux dépens d'Ezéchiel ou de la Genèse, il faut réunir deux choses qui rendent cette gaieté assez triste : la plus profonde ignorance et la frivolité la plus déplorable. » *(De la religion considérée dans ses formes.)*

§ III.

MOÏSE ET LES MODERNES SUR LE DÉLUGE. — SES CAUSES PHYSIQUES. — SES EFFETS.

Dieu avait dit à Noé : J'ai résolu la perte de tous les hommes, ils ont rempli la terre de leurs crimes, je vais les détruire avec le sol qu'ils habitent. *Disperdam eos cum terra*. (Gen. VI. — 13.) Nous ne pouvons commenter tout le récit de l'écrivain sacré ; mais on n'a qu'à le lire, et on y verra que Dieu a voulu détruire l'homme avec le sol qui le portait. *Disperdam eos cum terra.*

En vain M. l'abbé Glaire invoque-t-il une autre traduction qui dirait : *Disperdam eos de terra*. (Op. cit. , p. 283.) Voilà un subterfuge d'autant plus singulier, que M. Glaire reconnaît certainement l'authenticité de la version latine de la Vulgate, et qu'il n'ignore pas la science et la critique éclairée qui ont présidé à ce magnifique travail. Avec ces principes, les hérétiques peuvent se mettre à l'aise en fouillant dans les textes hébreu, syriaque, etc..., pour y trouver des sens favorables à leurs erreurs ; et, après cela, on ne doit plus s'étonner de voir quelques géologues décliner la compétence de la Vulgate quand elle n'appuie pas leurs idées.

Nous dirons enfin que le texte de la Vulgate *cum terra* ne peut recevoir d'autre explication que celle que nous lui donnons, puisque nous le retrouvons expliqué de la même manière dans le chapitre 9 de la Genèse, verset 11, où Dieu, rassurant Noé contre les craintes d'un nouveau déluge, lui dit : *Neque erit deinceps diluvium dissipans terram.* Ici, les mots *dissipans terram* ne peuvent laisser de doute sur ce qu'il advint au sol, à la surface terrestre : ils sont le vrai commentaire du texte cité : *Disperdam eos cum terra.*

Nous devons voir comment Dieu a tenu parole en perdant l'homme et en bouleversant la surface de la terre. Nous prions le lecteur de nous suivre avec la Bible devant les yeux.

Le déluge dura douze mois et dix jours, en comptant depuis le moment où furent rompues les sources du grand abîme jusqu'à celui de l'aréfaction ou dessèchement complet de la terre.

La terre fut complètement recouverte par les eaux pendant les neuf premiers mois, Depuis le cinquième jusqu'au dixième mois, elles allaient en décroissant : *At verò aquæ ibant et decrescebant usque ad decimum mensem : decimo enim mense, primâ die mensis apparuerunt cacumina montium.* (Gen. v ii — 5.) Alors seulement apparurent les sommets des hautes montagnes, tandis que depuis déjà deux mois l'arche s'était reposée sur l'une de celles de l'Arménie.

Peut-on nier l'universalité du déluge quand on sait son latin et qu'on a lu les chapitres 7 et 8 de la Genèse ? « *Leggasi quel cappitolo*, dit Nicolaï, *è si comprendorà manifestamente, che il diluvio fu universale a tutta la terra ;...tutta la terra fu devastata e quasi distrutta dall'aque.* » (Op. cit. , lez 22, to. 2, p. 428.)

Quoi ! une telle inondation, qui dura plus d'un an et qui travailla et bouleversa la surface de la terre pendant un si long espace de temps, une telle inondation n'aurait pas été générale et se serait bornée à couvrir les contrées basses de galets ! Une telle pensée ne prévaudra jamais dans le genre humain ; son instinct pour la vérité s'y oppose invinciblement. Écoutons la Bible et nous serons tous fixés..., *Rupti sunt omnes fontes abyssi magnæ, et cataractæ cæli apertæ sunt. Et facta est pluvia super terram quadraginta diebus et quadraginta noctibus... et multiplicatæ sunt aquæ...Vehementer enim inundaverunt et omnia repleverunt in superficie terræ... Et aquæ prævaluerunt nimis super terram : opertique sunt omnes montes excelsi sub universo cælo..... Obtinueruntque aquæ terram centum quinquaginta diebus.* (Gen. vii.)

Voilà la première scène de ce drame épouvantable,

de ce cataclysme effrayant dont les géologues modernes vous disent avec bonhomie : *Il a duré quatre-
vingt jours.* — *Le déluge universel est impossible.* —
Il est absurde, etc. ...Nous ne voulons pas nommer
les auteurs de ces étranges assertions : ce sont des savants, mais des laïques peu soucieux de se conformer
au récit de Moïse, que peut-être ils ne connaissent
pas ou qu'ils dédaignent avec orgueil.

Pour nous, suivons cette sublime narration pour apprécier, d'après elle, la valeur des opinions de quelques
auteurs catholiques. Nous remarquons d'abord, dans le
texte biblique, un choix d'expressions remarquable :
l'écrivain sacré épuise la langue pour inculquer la
vérité du déluge universel. : *Toutes les sources du
grand abîme furent rompues ; un déluge d'eau tomba
du ciel pendant quarante jours et quarante nuits. Et
les eaux s'étant accrues, se répandirent avec violence
et couvrirent toute la surface de la terre. Elles s'élevèrent si fort qu'elles couvrirent les plus hautes montagnes
qui sont sous le ciel.* Quelques versets plus bas, l'Écriture ajoute : *Obtinueruntque aquœ terram centum
quinquaginta diebus.* (Gen. VII — 24.) Tous les traducteurs de la Bible ont rendu ainsi ce passage : Et les
eaux couvrirent toute la terre pendant cent cinquante
jours. » Il est pourtant certain que la terre est demeurée plus long-temps couverte par les eaux du déluge.

Nous pensons qu'on pourrait traduire ainsi ces
paroles , *obtinuerunt*, etc. : Les eaux ont obtenu,
gagné, conquis, possédé et couvert enfin la terre tout

entière, ou sont arrivées peu à peu à l'apogée de leur hauteur dans l'espace de cent cinquante jours ou cinq mois ; c'est-à-dire qu'elles ont mis à peu près autant de temps à croître qu'à décroître. Et, en effet, on voit dans le récit biblique que les eaux ont cessé sur la terre après cinq mois et dix-sept jours de diminution successive. Elles ont commencé à décroître après le cinquième mois jusqu'au dixième mois et demi et deux jours, époque finale de leur cessation. *Intellexit ergo Noë quod cessassent aquæ super terram.* (Gen. viii. — 11.) Une autre circonstance qui prouve que l'inondation n'est pas arrivée tout d'un coup à sa plus grande hauteur, c'est la pluie de quarante jours et de quarante nuits.

On a voulu dire que les montagnes recouvertes par les eaux, n'étaient que celles de la terre habitée. D'abord, qui a dit à ces érudits que la terre n'était pas toute habitée ? Ils s'appuient sur ce que l'Écriture-Sainte emploie souvent les mots *toute la terre* pour désigner une seule contrée ; mais peut-on dire la même chose de ces paroles : *Et aquæ prævaluerunt nimis super terram: opertique sunt omnes montes excelsi sub universo cœlo ?* (Gen. vii. — 19.) Allons cependant plus droit au but.

M. de Férussac, pour ne pas compromettre la Bible, prit dans le temps occasion de l'excellente conférence de M. Frayssinous sur la cosmogonie de Moïse, pour établir, comme à l'ombre de son nom, ses singulières opinions sur la *partialité du déluge.* Pour lui, le langage de l'écrivain sacré est *figuré*, sa narration, la plus claire et la plus positive qui soit au monde, *n'offre rien de positif*. Nous nous expliquons ce dissentiment de M. Férussac, quelque catholique qu'il puisse paraître d'ailleurs ; il n'est pas assez versé dans l'étude dés livres saints ; il a pu se tromper, et après tout, il a un faible pour les *cataclysmes répétés des époques géologiques*, c'est-à-dire antérieures à l'homme ; il a un faible pour les *bassins de reproduction* et même pour le roman cosmogonique de Buffon et compagnie. Ainsi, nous laisserons M. de Férussac avec ses idées, pour voir ce qu'a écrit un homme dont les paroles ont une tout autre portée en matière d'Écriture-Sainte.

M. l'abbé Glaire prouve d'abord que l'histoire mosaïque du déluge n'est pas une fable. C'est comme l'on voit, prendre les choses d'un peu haut. Cela est bien du reste. L'auteur s'entoure ensuite des puissants témoignages de la science profane, pour laquelle *il n'y a rien qui puisse infirmer le fait du déluge*. Il cite avec reconnaissance M. Boué qui a dit, *de peur de paraître stupide, que la contrée habitée par les hommes antédiluviens a été inondée*. Il n'oublie pas M. Prévost, qui a avoué que *certaines parties des terres découvertes ont été momentanément ravagées par le déluge qui a fait périr une grande partie des hommes*.

M. Glaire, par sa haute position dans le corps enseignant, devait secouer les préjugés d'une science encore dans l'enfance, ou du moins se dispenser d'écrire pour les soutenir, en disant qu'il n'y a rien de certain sur l'universalité du déluge ; citons ses paroles : « Les faits constatés en géognosie ne peuvent, dans l'état actuel de la science, ni prouver ni infirmer par eux-mêmes, la vérité du cataclysme mosaïque. » (*Op. cit.*, p. 267.) Et plus loin, il ajoute contre l'universalité du déluge, les paroles suivantes : « Il ne paraît pas entièrement démontré que le récit de la Genèse doive, par la seule force des paroles du texte sacré, s'entendre nécessairement d'un cataclysme qui aurait couvert de ses eaux absolument toute la surface de la terre. » (*Ibid.*, p. 276.)

Nous ne sommes pas peu surpris d'entendre dire au savant et ancien doyen de la Faculté de théologie de Paris, que *les faits constatés en géognosie ne peuvent pas, dans l'état actuel de la science, prouver par eux-mêmes la vérité du déluge.* Quoi ! des milliers de faits attestent hautement que le globe terrestre a été tourmenté et bouleversé en tous sens par une violente, une immense et universelle inondation ; ces faits multipliés et variés, tels entre autres que le développement continu des strates terrestres et le transport de tant de produits marins dans le sein des continents à tous les niveaux, le transport des plantes et des animaux des tropiques aux régions polaires ; tout cela ne pourrait pas prouver, dans l'état actuel de la science, la vérité du déluge ! Or, la science qui attribue l'ensemble de ces faits que tous les peuples de la terre constatent et que tous les hommes proclament instinctivement comme les effets du cataclysme mosaïque, la science, disons-nous, qui attribue l'ensemble de ces faits visibles et tangibles, non pas au déluge, à une cause unique et universelle, mais à d'autres causes, à des causes multipliées ou se succédant à de longs intervalles, est une science chimérique, une science fausse et menteuse qui doit être fappée d'une réprobation universelle.

Oui, cette science orgueilleuse, pour n'être pas obligéede reconnaître le déluge de Moïse qui explique tout, est forcée, pour se rendre compte des faits qu'elle ne peut nier, d'admettre jusqu'à *dix-sept* cataclysmes, inondations ou bouleversements qui n'expliquent rien, si ce n'est leur propre impossibilité, c'est-à-dire qu'il est impossible de donner aucune raison de leur existence.

Il était donc du devoir de M. l'abbé Glaire de stigmatiser ou du moins de redresser une science erronée qui prétend que *les faits constatés en géognosie ne peuvent pas prouver la vérité du déluge*....Oui, nous le répétons, le savant distingué que nous venons de citer, aurait dû accueillir une telle prétention de la science profane avec la sévérité du blâme et non avec la faveur du doute. C'était là son premier devoir d'écrivain ecclésiastique et de défenseur né des vérités bibliques.

D'un autre côté M. Godefroy, un des plus récents et des plus catholiques des cosmogonistes laïques, prétend *que les théologiens enseignent que le déluge n'a point été d'une universalité absolue*. Voici ses paroles : « Dans notre conviction, les points les plus élevés

du globe ont été à l'abri de cette terrible inondation. Dans notre conviction, ces lieux élevés ont pu servir de refuge à une foule d'animaux, tandis que les espèces qui accompagnaient l'homme ou qui habitaient les mêmes contrées, ont été sauvées avec lui de la manière racontée dans la Genèse. Assurément, en disant que les eaux s'élevèrent de quinze coudées au-dessus des plu hautes montagnes, Moïse n'a pu entendre parler que des montagnes voisines du pays qu'occupaient les premiers hommes, que des montagnes de *toute* la terre alors habitée par l'espèce humaine. » (*Cosmog. de la révélation*, p. 293. 1847.) Plus loin, l'auteur ajoute une remarque faite par Deluc : « Nous pouvons remarquer, dit-il, que le récit constate fomellement que les animaux qui étaient sur la terre après le déluge, n'étaient pas tous sortis de l'arche, puisque, dans la promesse que Dieu fait à Noé d'établir avec sa race une alliance dont aucun des animaux ne sera exclu, il explique que l'effet de cette promesse s'étendra non-seulement sur les animaux qui sont sortis de l'arche, mais jusque sur toutes les bêtes de la terre, *tam in volucribus quam in jumentis et pecudibus terrœ cunctis quœ egressa sunt de arcâ et in universis bestiis terrœ.* (Gen. ix. - 9, 10.) « Voilà manifestement,
« fait observer Deluc, une extension qui embrasse
« des animaux distincts de ceux qui sont sortis de
« l'arche en même temps que Noé et sa famille. »
(*Ibid.*, p. 296.)

Il résulterait donc de ce qui précède, que tous les

animaux terrestres n'auraient pas péri , contrairement au texte biblique et au dessein de Dieu. Cependant, la volonté formelle de Dieu était que tous les hommes et tous les animaux, hors ceux qui étaient dans l'arche, périssent, Donc tous ont péri. *Consumpta est omnis caro quœ movebatur super terram, volucrum, animantium, bestiarúm, omniumque reptilium, quœ reptant super terram : universi homines, et cuncta, in quibus spiraculum vitœ est in terra, mortua sunt* (Gen. vii. — 21 ; 22.)

M. Godefroy, il est vrai, prétend encore que par l'expression *toute la terre* on doit entendre seulement le pays habité par les hommes qui existaient alors ; mais aucune circonstance, ni aucun contexte ne peut autoriser ici une pareille interprétation : admettons-la néanmoins pour un instant. M. Godefroy est forcé de convenir que tous les hommes exclus de l'arche ont péri, bien que, selon lui, *les points les plus élevés du globe aient été à l'abri de la terrible inondation.* Ainsi, suivant la Bible et M. Godefroy lui-même, tous les hommes ont péri : mais pourquoi alors les animaux sauvages, les bêtes de la terre, *bestiœ terrœ*, même du pays déjà habité par l'homme, pourquoi donc n'ont-ils pas péri avec lui, puisqu'ils étaient dans les mêmes conditions que lui ? Et, s'ils n'ont pas péri, comme le prétend M. Godefroy, pourquoi les hommes ont-ils tous péri ? Ainsi, si l'on admet que les bêtes sauvages ont pu être sauvées en se réfugiant sur les pics les plus voisins, on demandera toujours pourquoi au moins quelques hommes, placés dans les mêmes conditions, n'auraient pas pu les imiter, les suivre et se sauver comme elles ?

Il demeure donc enfin évident et constant que, si des animaux ont pu se sauver quoique hors de l'arche, il n'y a pas de raison pour que des hommes n'aient également pu se sauver, puisque leur condition était absolument la même. Donc tous les hommes hors de l'arche n'auraient pas péri. C'est la conséquence logique inévitable de l'étrange proposition de M. Godefroy ; et c'est aussi une conséquence évidemment contraire à l'ordre formel de Dieu, c'est-à-dire contraire à la foi catholique.

Quant au texte cité plus haut par Deluc : *et in universis bestiis terræ*, la réponse est fort simple ; il faut traduire la conjonction ET par les mots suivants : *c'est-à-dire* ou *en un mot*. Alors le sens sera complet, et nous pensons qu'en bonne herméneutique il n'y a pas d'autre commentaire possible. En d'autres termes, le texte biblique cité par Deluc veut dire tout simplement que l'alliance se fit avec toutes les bêtes de la terre qui avaient été renfermées dans l'arche, quelle que fût leur espèce, et non point avec celles qui étaient demeurées hors de l'arche et qui toutes avaient péri comme nous venons de le voir et de le prouver. Aussi le Père de Carrières, dans sa traduction de la Bible, ajoute avec beaucoup de raison à ces mots du texte sacré : *et avec toutes les bêtes de la terre*, les paroles suivantes : *que j'ai sauvées avec vous* (dans l'arche). Ce n'était donc point avec les bêtes qui étaient restées hors de l'arche et qui toutes avaient péri que se devait faire l'alliance : on ne fait pas d'alliance avec des bêtes mortes. Revenons.

Encore une fois, qu'on ne se méprenne pas sur le but de notre critique. Laplace, Cuvier, Ampère, Marcel de Serres, etc.., ont pu émettre des opinions plus ou moins hétérodoxes ; mais ces auteurs recommandables par leur science et leurs recherches consciencieuses ont eu le mérite incontestable de travailler à leurs risques et périls et à la sueur de leur front, pour enrichir la science de faits et d'observations ; et nous leur payons notre juste tribut d'éloges. Mais ne faudrait-il pas aussi que le clergé se mêlât à eux, qu'il joignît ses observations à leurs observations et qu'il sût opposer ses opinions à leurs opinions. Bientôt une nouvelle ère se lèverait pour la science, et les écrivains, qui ont besoin de glaner dans son champ parce que leur spécialité ne leur permet pas de cultiver directement, y trouveraient des opinons plus orthodoxes et plus de vérités. Si on ne les y trouve pas, leur absence accuse moins les savants laïques que l'indifférence des ecclésiastiques.

Le savant Bergier, avec le faible secours de la

géognosie du siècle dernier, mais aussi, indépendant des hypothèses antibibliques de celle d'aujourd'hui, faisait déjà, contre les partisans d'un
déluge partiel ou particulier, une objection pas-
sablement embarrassante. Ils doivent admettre en
effet que les eaux du déluge, pendant plusieurs
mois, dépassèrent de quinze coudées les plus hautes
montagnes au moins du pays inondé, puisque ce
ne fut que le premier jour du dixième mois que
les sommets des montagnes apparurent ; or, quelle
merveille de voir des eaux si élevées demeurer suspendues ainsi contre leur pesanteur sans se répandre de là
sur toute la terre !

Mais peut-être ces nouveaux commentateurs
voudront-ils que le cataclysme n'ait couvert toute
la terre que successivement, à peu près comme
une grande marée, ou bien, comme M. Godefroy,
que le continent antédiluvien se soit abîmé pour
toujours sous les eaux, tandis que le lit de la mer s'est
exondé ; mais ces deux hypothèses sont inconciliables
avec le récit mosaïque qu'on vient de lire : nous y reviendrons.

On a vu quelles étaient les causes morales du
déluge ; pour les causes physiques, Moïse les
laisse seulement déduire de son récit. Avant de
les exposer, nous ferons remarquer qu'on a voulu
trouver ces causes physiques dans la suspension
de la cohésion des parties solides (Woodward),
dans la rupture de la croûte et l'éruption des

eaux intérieures (Burnet) (1) dans la queue d'une comète qui enveloppa la terre et la noya (Whiston,) dans un débordement de lacs (Lemanon), dans des marées de 1560 mètres (Dolomieu), dans le soulèvement de volcans sous-marins (Pallas), dans un déplacement du noyau central d'aimant (Bertrand), dans le choc oblique d'une comète (Boubé), dans le soulèvement des Andes et de l'Himalaya (Élie de Beaumont), dans la disparition complète des anciennes terres habitées (Cuvier), etc...

Les géologues, qui avaient besoin de cette dernière hypothèse pour expliquer la formation de leurs couches fossilifères marines, n'ont pas pensé au récit de Moïse qui ne peut autoriser cette disparition complète des terres antédiluviennes, puisque l'écrivain sacré suppose qu'après le déluge les anciennes terres reparurent. Le lit des

____

(1) Voici l'opinion un peu plus détaillée de ces deux auteurs, qui ont cependant suivi Moïse, disent-ils.

Woodward fait ouvrir la terre à la voix menaçante du Tout-Puissant. Aussitôt les eaux en dissolvent toutes les parties, parce que Dieu avait suspendu la cause de la cohésion des corps.

Burnet, lui, supposait que la matière du chaos s'était déposée successivement selon les lois de la pesanteur, mais de manière à laisser surnager l'huile et toutes les substances grasses. Ces matières étaient si épaisses, qu'elles formèrent, au-dessus des eaux, une croûte sur laquelle les végétaux et les animaux avec l'homme subsistèrent jusqu'au déluge. Quand Dieu voulut tout renouveler, il fit crever cette croûte, et tout fut englouti, comme dans un piège.

mers s'est bien soulevé, et par conséquent le continent antédiluvien s'est affaissé au moins à son niveau ; dès lors la terre s'est retrouvée couverte d'eau comme avant la formation des mers à l'époque de la création : *rupti sunt omnes fontes abyssi magnæ* ; mais, après cinq mois, il est dit que ces sources du grand abîme furent fermées : *clausi sunt*, c'est-à-dire que les mers rentrèrent dans leur lit et y furent renfermées ; c'est un point auquel les modernes n'ont pas fait attention : ce fut l'effet naturel de la suspension du mouvement de rotation de la terre, comme nous allons le voir bientôt. L'idée est de M. Chaubard.

Les Chaldéens parlent d'une grande perturbation survenue dans l'ordre astronomique. Les Chinois sont plus explicites. Lopi dit que : « Kong-Kong, le premier des rebelles, excita le déluge pour rendre l'univers malheureux ; *il brisa les liens qui unissaient le ciel et la terre*, et les hommes accablés de misères ne pouvaient les souffrir. Alors Niuva, avec ses forces toutes divines, combattit Kong-Kong, le défit entièrement et le chassa. Après cette victoire, *elle rétablit les quatre points cardinaux* et rendit la paix au monde » (*Trad. du Chon-King* Paris, 1770, p. 108.)

Ces traditions altérées sur les causes physiques du déluge ont leur principe dans la Bible et y trouvent leur véritable explication.

18

A peine Noé et sa famille eurent-ils mis le pied sur le sol postdiluvien, que Dieu, renouvelant son alliance avec les hommes, les rassura sur l'avenir, et, entre autres choses remarquables, leur dit : *Cunctis diebus terræ, sementis et messis, frigus et œstus, œstas et hyems, nox et dies non requiscent* (Gen. VIII-22) ; tant que la terre subsistera, les semailles et les moissons, le froid et le chaud, l'été et l'hiver, la nuit et le jour se succèderont sans interruption. On ne pouvait pas mieux faire comprendre que cette succession avait été suspendue pendant le déluge. Si donc la succession des saisons, du jour et de la nuit, avait été interrompue, il faut admettre nécessairement que sa cause avait été suspendue ; or, cette cause ne peut être que la suspension lente et successive du mouvement de rotation de la terre.

Ainsi, sans rechercher si la terre a changé ses pôles à cette époque, ou si son inclinaison sur l'écliptique a été modifiée, nous nous bornons à croire uniquement à la cessation de son mouvement diurne de rotation sur elle-même, pendant qu'elle continuait sa trajectoire annuelle. C'est à la fois la cause la plus sûre et la plus puissante du déluge. Mais nous ne ferons à personne l'injure de la lui présenter comme le résultat de quelque accident naturel ou de quelque dérangement fortuit dans la mécanique céleste ; c'est

Dieu, Dieu seul qui a bouleversé le globe pour perdre les impies : *Tenuisti concutiens extrema terræ et excussisti impios ex ea* (Job. XXXVIII-13) ; c'est Dieu qui, regardant la nature dans sa colère, l'a fait tressaillir de terreur : *A facie ejus contremuit terra.* (Joel. II-10.) Et certes, quand on a reconú à Dieu la puissance de créer le monde, on ne peut pas sans inconséquence lui refuser celle d'en suspendre momentanément les lois.

Ainsi donc Dieu veut, et la terre, continuant sa route annuelle, s'arrête sur son axe, ce qui ne dut apporter aucun trouble dans l'ordre astronomique. Les effets de l'arrêt du mouvement diurne furent nécessairement prodigieux ; les eaux sortent de leur lit en masse, pendant que le renflement du globe à l'équateur disparaît et que les pôles se renflent : ce fut un mouvement de baisse et de hausse, par lequel la terre tendit à reprendre sa forme sphérique primitive. Ce que nous avons déjà dit de sa constitution et des effets de la rotation sur sa forme et sur les strates solides, permet au lecteur de se faire un tableau du bouleversement effroyable qui a dû avoir lieu.

La croûte solide s'affaise de sept lieues sur toute la ligne équatoriale en allant vers les pôles ; là au contraire elle se renfle d'autant. Entre l'équateur et les pôles, il y eut donc une immense

série de crevasses, d'affaissements et de soulèvements de matière intérieure rejetée à la surface,
etc... Si l'on fait attention que ces effets eurent
lieu en même temps que l'océan, chassé de son lit,
se répandait avec violence sur les continents,
vehementer enim inundaverunt a quœ, on comprendra
de quelle prodigieuse quantité de matériaux une
marée de plusieurs milliers de mètres de hauteur
dut se charger à travers ces crevasses du globe, ces
roches d'épanchement, ces débris de montagnes, ces
terres délayées, ces vieux dépôts formés dans son sein,
etc... (1)

Déjà, sans autre secours que la Bible, le docte
P. Gabriel disait, en 1752, que la violence de l'inondation et la force des tremblements de terre furent
telles, que des montagnes furent abîmées, d'autres
seulement affaissées, qu'il s'en forma de nouvelles, et
que ce bouleversement produisit beaucoup de matériaux

---

(1) « Tous ceux qui ont observé les montagnes, dit de Saus-
sure, dans son *Voyage aux Alpes*, ont remarqué qu'elles étaient
dans un continuel état de dégradation. Mais au Col-de-Géant,
cette vérité s'annonce avec une fréquence et un fracas qui l'in-
culque à l'esprit avec la plus grande force. Je n'exagère pas
quand je dirai que nous ne passions pas une heure sans voir ou
entendre quelque avalanche de roches qui se précipitait avec le
bruit du tonnerre, soit du flanc du Mont-Blanc, soit de l'Aiguille-
Marbrée, soit de l'arête où nous étions. »

Les avalanches de neige sont encore un moyen de transport
pour les blocs de pierre dans les vallées, ainsi que la débâcle des
glaces polaires.

pour les nouvelles couches terrestres. (*Philos. disquis. De orig. mont.*)

Après la première violence des eaux et l'effet du nouveau nivellement de la surface terrestre, le lit de la mer cessa d'exister pendant cinq mois entiers ; il se fit un certain calme dans cet horrible bouleversement, et nous pouvons, jusqu'à un certain point, l'apprécier.

D'abord, il n'est pas nécessaire d'avoir recours à des calculs puérils pour trouver assez d'eau : celles de la mer répandues sur tout le globe ; les immenses coupoles de glaces polaires (1) rejetées au loin et fondues comme les glaciers des montagnes ; une pluie furieuse de quarante jours et quarante nuits, et sans doute aussi la plupart des eaux souterraines chassées et projetées à la surface par les convulsions du globe : en voilà bien assez pour le couvrir entièrement de plusieurs milliers de mètres d'eau. « Les continents, dit

---

(1) Scoresby (*Ann. chim. phys.* t. 5), ne sait où trouver des termes pour peindre le spectacle sublime et effrayant des montagnes de glaces qui se détachent annuellement des pôles, tourbillonnant avec une inconcevable rapidité, se choquant, éclatant et faisant mugir les eaux de l'océan.

Wafer a vu des glaçons détachés des pôles jusque vers le détroit de Magellan ; il les prit d'abord pour des îles flottantes. Quelques-uns lui parurent avoir deux lieues de longueur et deux ou trois cents mètres de hauteur. Il ne s'agit ici que de quelques glaçons auxquels Scoresby a attribué les froids de 1816 et 1829. Qu'en fut-il donc au déluge, quand toutes les glaces polaires furent détachées ?

M. Chaubard, n'occupent que le tiers environ
de la surface entière du globe terrestre, tandis
que la mer en occupe les deux tiers : or, sa profondeur moyenne étant d'environ sept à huit
mille mètres, il est certain que la cavité dans laquelle elle est retirée se trouvant détruite ou sou-
levée, comme elle l'a été selon l'histoire lors du
déluge, elle se répandrait sur la surface entière,
et le recouvrirait complètement même jusqu'au-dessus
des hautes montagnes du monde actuel. A cette
preuve historique, que le cataclysme du temps de Noé
fut général et universel, vient se joindre ici celle
fournie par les dépôts de houille qui n'ont pu incontes-
tablement se former qu'après que les continents ont
été en partie découverts. » (*Éléments de géologie*, 2ᵉ
édit., p. 166.)

Ainsi on doit admettre que la terre a été momentanément rendue à l'état où elle était avant
l'apparition de la lumière, c'est-à-dire quand les
eaux couvraient toute la terre et avant qu'elle
tournât sur son axe, ce qui n'a eu lieu que le
quatrième jour. « Il serait difficile de concevoir,
dit ailleurs M. Chaubard, pourquoi on repous-
serait cette idée (la suspension momentanée du
mouvement de rotation de la terre) quelque
étrange qu'elle paraisse au premier coup-d'œil.
On a admis l'attraction imaginaire de Newton,
la fluidité du calorique, de la lumière, de l'électricité, du magnétisme, les courants électro-dy-

namiques du célèbre Ampère, etc. ; on regarde toutes ces hypothèses imaginaires, que rien, absolument rien ne démontre, qui même sont probablement des erreurs, on les regarde, disons-nous, comme des équivalents de la réalité, uniquement parce qu'elles ne choquent point les faits avérés. Pourquoi n'en serait-il pas de même de la station momentanée du mouvement diurne du globe, qui non plus ne contrarie nullement les faits constatés, qui les rend intelligibles, les lie entre eux, et qui de plus a, sur les suppositions dont on vient de parler, l'avantage très-grand d'être suggérée par les faits même, en sorte qu'elle semble en être inséparables ? » (*Op. cit.*, p. 204.) On peut ajouter qu'elle est surtout suggérée par la Bible elle-même. (Voyez chap. 8, verset 22 de la Genèse.)

Jetons maintenant un coup-d'œil sur l'état des continents, sur la dispersion des êtres organisés, et sur les dépôts de cette première période diluvienne de cinq mois.

L'affaissement de la surface terrestre sous l'équateur et au-delà, a dû modifier la forme des terres. Nous voyons, en effet, tous les continents découpés vers ce point et évidemment tra-travaillés par le mouvement d'expansion du noyau fluide vers les pôles ; et c'est à cette époque qu'on peut faire remonter la disparition des terres du paradis terrestre sous la mer des Indes qui continua à séparer l'Asie de l'Afrique. La plupart des observateurs depuis Buffon, ont vu ce morcellement du continent asiatique, disons mieux, du continent primitif unique, et quelques-uns pensent qu'il se continuait jusqu'à l'Australie. Le même fait dut se reproduire en plusieurs points, par exemple, dans la Méditerranée qui recouvrit pour toujours les contrées intermédiaires entre l'Europe et l'Afrique. Mais, en même temps que des fragments de l'ancien continent disparaissaient sous les eaux, il a dû surgir d'autres terres après la première période du déluge, lorsque la terre recommença à tourner sur son axe, comme peu-être l'Atlantide, l'Australie, ou une portion de l'Amérique.

Nous ne devons pas nous arrêter à ces hypothèses, quelque appuyées qu'elles soient par la théorie et même quelquefois par l'observation. Il sera facile à chacun de se faire une idée des changements opérés sur la terre par d'aussi grands bouleversements. Mais, pour les mieux apprécier, il ne faut pas négliger l'effet du renflement des pôles qui a dû soulever, aux deux extrémités du globe, des terres qui probablement ne furent pas toutes entièrement affaissées, lorsqu'après le cinquième mois la terre recommença à tourner et à se renfler sous l'équateur. Il est bien évident que Dieu bouleversa le sol en même temps qu'il perdait les êtres vivants : *Disperdam eos cum terra.*

Par leur mouvement expansif vers les pôles, les eaux durent y transporter la plus grande partie des matériaux qu'elles charriaient, et, jusqu'au rétablissement parfait de la rotation du globe, déposer sur toute la surface terrestre tout ce qui était plus pesant qu'elles. Ainsi, les coquilles marines, et quelques-unes d'eau douce, avec un grand nombre d'êtres marins et terrestres que les flots mêlèrent aux matières qu'ils poussaient, se trouvèrent dans ce cas. Mais la plupart des végétaux marins et terrestres et les quadrupèdes durent surnager, les uns par leur légèreté, les autres par la natation; les oiseaux eux-mêmes durent s'élever en grande partie et suivre les vastes amas de végétaux.

Par la même raison, les matériaux terrestres ont dû être portés sur tout le globe avec une certaine uniformité, pour se déposer dans toutes les couches de cette époque. Elles sont de trois sortes; les couches formées de matériaux de transport: débris de roches, cailloux, graviers, sables; celles composées par des matières sédimentaires: argile, marne, sol végétal, sels et tout ce qui peut demeurer en suspension dans l'eau; et enfin les roches d'épanchement.

Il est certain que les matériaux de transport se sont déposés les premiers, et cela sur les terrains primitifs et sur quelques anciens sols d'alluvion; ils constituent avec leurs roches d'épan-

-chement la formation dite de transition (grès, pouddings) ; mais les courants qui ont dû se former dans cette mer universelle, en ont nécessairement remanié les dépôts sur plusieurs points, tandis que sur d'autres il se déposait des couches de sédiment (calcaires et schistes) qui ont complété cette formation durant les cinq mois de la première période diluvienne, c'est-à-dire avant le rétablissement du bassin des mers. Les roches d'épanchement offrent en général une puissance énorme à cette époque.

C'est là une première formation diluvienne, moitié de transport et moitié de sédiment, ou de dépôt lent : nous ne changerons pas le nom de *terrain de transition* qu'on a donné à l'ensemble de ses couches ; nous ferons remarquer seulement qu'elles sont universelles, qu'elles doivent se retrouver au fond actuel de l'océan comme sur les continents, mais à des niveaux différents à cause des affaissements et des soulèvements auxquels la croûte du globe fut soumise plusieurs fois.

Au rétablissement du bassin des mers, lorsque la terre reprit son mouvement de rotation : *clausi sunt fontes abyssi*, les eaux, en se précipitant vers leur lit, remanièrent une grande quantité de matériaux déjà déposés ; et leur action, jointe à celle des crevasses nouvelles, des soulèvements et des affaissements (1), creusa les

____

(1) La terre, en recommençant à tourner sur son axe, se renfla

vallées de transition, sur les bords desquelles échouèrent les vastes radeaux ou amas de bois flotté et de plantes marines et terrestres. C'est l'époque de la formation du *terrain houillier* ou *carbonifère*. Les eaux surabondantes, allant et revenant : *euntes et redeuntes*, laissaient à chaque flux une portion des végétaux sur les côtes exondées, en recouvrant le dépôt précédent de sable ou de gravier transformé plus tard en grès. Ainsi s'explique bien naturellement et bibliquement la répétition des bancs de houille dans beaucoup de localités.

Les *terrains secondaires*, qui dans l'ordre d'ancienneté ou de superposition viennent immédiatement après le groupe carbonifère, sont le résultat du mouvement des eaux allant et venant à la surface du globe après le rétablissement du bassin des mers et la formation houillière ; M. Chaubard les rapporte à la seconde période du déluge, époque antérieure à la diminution des eaux qui découvrit définitivement le sommet des montagnes. Les terrains secondaires paraissent pour la plupart composés de matériaux remaniés et détachés, des dépôts précédents par l'action érosive des grands courants. (1) L'éten-

---

de nouveau vers l'équateur et s'aplatit aux pôles, nouvelle cause de secousses, de brisement de couches, de projection de roches d'épanchement, etc.

(1) « On doit compter autant de dépôts secondaires distincts

due qu'ils occupent est moindre que celle des terrains de transition, mais elle est beaucoup plus grande que celle des terrains tertiaires. Leur importance géologique est immense à cause de la puissance des couches qui le composent, mais elles sont les moins importantes pour l'industrie si l'on en retranche le groupe carbonifère, qui nous paraît entièrement indépendant de la formation de transition et de la formation secondaire. Enfin les terrains secondaires se montrent quelquefois immédiatement superposés aux terrains primitifs ; mais bien plus fréquemment ils forment le sol habité.

La troisième ou dernière période diluvienne comprend cette époque où les eaux ayant diminé, les points culminants du globe se découvrirent définitivement. Alors les immenses marées se concentrant toujours davantage vers l'océan, ne parcouraient plus la surface de la terre sur d'aussi grandes proportions : *At verrò aqæ ibant et decrescebant usque ad decimum mensem.* Les formations géologiques qui leur correspondent sont au nombre de quatre et sont désignées sous le nom de *terrains tertiaires.* Mais, de même que ces terrains sont beaucoup plus limités que les précédents, de même aussi les derniers d'entre eux sont-ils plus limités que les premiers:

---

et indépendants qu'il y a de groupes composés de sable, calcaire, argile. » C'est une loi de M. Chaubard.

Assigner cette origine aux terrains tertiaires, c'est donner la clef de l'explication de leurs caractères minéralogiques. Les matériaux qui les composent sont en effet les plus légers, les derniers à se déposer dans l'eau et aussi les plus abondants en sels. Toutes leurs formations offrent des lits de calcaire et de marne, seuls ou associés à une roche d'épanchement (quartz-meulière), simples ou formés de la répétition de l'un d'eux ; mais déjà cette répétition, ce redoublement des couches se perd : elle ne s'observe plus avec la même fréquence et la même abondance que dans les terrains secondaires. Les eaux ne déposèrent plus, à la fin du déluge, que les molécules qu'elles entraînaient facilement, ou les substances que leurs courants détachaient encore des couches les moins solides et des autres dépôts, dans l'épaisseur desquels ils creusaient les dernières vallées secondaires et les vallées tertiaires du monde actuel.

Les terrains tertiaires offrent peu ou point de minéraux exploités, mais en revanche ils fournissent avec le moins de frais tous les matériaux de construction, le sel marin lui-même et d'excellents lignites pour les besoins sociaux. Enfin, ils contiennent dans leur couches, à l'état de fossile, le plus grand nombre des coquilles d'eau douce, des oiseaux, des quadrupèdes antédiluviens, des végétaux de terre et de mer et une multitude de corps marins, en un mot tous les corps organisés qui ont pu flotter ou qui ont été arrachés par les eaux aux dépôts précédents.

Ainsi donc, l'universalité des couches de transition est un fait constaté sur tout le globe; elle correspond à l'universalité et à l'immensité de l'inondation. Cette universalité n'existe plus pour les terrains secondaires ; et, quant aux terrains tertiaires, ils sont bornés à des bassins généralement peu étendus. Leurs dernières couches sont même ordinairement incomplètes et s'observent rarement.

Notre théorie du déluge explique parfaitement tous les accidents de terrain, tous les faits si embarrassants de la solidification des couches, de la pénétration des roches d'épanchement et du pêle-mêle des fossiles. Nous ne reviendrons pas sur ce que nous avons dit en parlant de ces divers sujets dans les principes de géologie. Nous terminerons donc ici la vaste question du déluge en faisant quelques remarques pour montrer que les faits les plus étonnants ne sauraient se trouver en contradiction avec notre manière de voir en cosmogonie et en géologie.

On se souvient de ce que nous avons dit sur la constitution du globe. Supposez maintenant qu'en certains endroits les couches diluviennes se soient déposées sur une telle épaisseur, que la pression et un affaissement local aient porté des couches déjà profondes à une profondeur plus grande encore où elles aient pu subir un ramollissement ; si dans cet état la croûte terrestre s'est crevassée, ces couches ramollies ou liquéfiées auront surgi à la surface comme de véritables roches d'épanchement. C'est ce qui est arrivé pour des calcaires saccarhoïdes de l'Atlas (Afrique), de Spezia (Italie), etc..., qui, après avoir été ramolis et pénétrés de magnésie, ont coulé et se sont extravasés au dehors, par-dessus des couches postérieures qu'ils recouvrent maintenant. Mais le fait le plus important en ce genre, c'est celui qu'on vient de signaler dans la formation houillière, à Wolfstein (Bavière rhéane). Le grès de cette formation est traversé par des filons de calcaire saccharoïde dont plusieurs ont jusqu'à 1060 mètres de longueur sur une épaisseur de 1 à 6 mètres.

Le déluge explique encore très-bien la formation des vallées d'érosion dans les couches secondaires et tertiaires, par l'effet des courants. L'action des eaux, favorisée par l'action soulevante, par le dégagement de gaz intérieurs, ou de la vapeur d'eau des roches hydratées situées profondément, suffit pour donner la raison de la formation des cavernes et des souterrains, où vont puiser les sources constantes et les puits artésiens. Les secousses répétées du globe et les crevasses de la surface expliquent parfaitement les failles, les dykes, les crevasses et les autres accidents semblables. Les montagnes, suivant les diverses couches qu'elles ont soulevées, marquent au juste l'époque du déluge où elles ont surgi ; et M. Chaubard a pu constater, par ce moyen, un grand nombre de soulèvements durant cette grande période géologique. L'unité de cette cause géologique explique encore l'unité de composition de tous les terrains qui sont tous formés de silice, de carbonate de chaux et de débris de roches antérieures dont le mélange en diverses proportions donne à toutes les couches leur remarquable variété.

Pour compléter ce coup d'œil géologique, nous allons dire un mot des houilles et de quelques autres substances contenues dans les strates terrestres, et l'on finira par se convaincre de la nécessité d'admettre le déluge comme cause unique et universelle de tous les terrains fossilifères, en voyant que cette cause donne la solution de toutes les difficultés géologiques.

§ IV.

HOUILLE. — SEL GEMME. — GYPSE.

De toutes les substances fossiles ou salines renfermées dans les divers terrains, nous nous bornerons à ces trois, parce qu'elles ont donné lieu aux plus grandes discussions et qu'elles n'ont pas été étudiées sous leur véritable point de vue.

Houille. Si les houilles provenaient de végétaux ensevelis successivement dans les atterrissements des fleuves ou des courants maritimes antédiluviens, elles s'offriraient à nous intimement mêlées à du sable et à d'autres matériaux de transport, comme tous les amas de végétaux que nous voyons se former par les fleuves d'aujourd'hui. C'est une raison de plus pour repousser l'hypothèse des géologues modernes, adoptée par M. l'abbé Glaire. Ce savant pourtant a le courage de contredire quelques géologues sur le fait de la formation des houilles. L'unique base de leur système, dit-il, « c'est la supposition que la houille a été formée sur place, à la manière des tourbières. Si donc nous prouvons qu'il n'en a point été ainsi, mais qu'elle est plutôt le produit de végétaux charriés par les fleuves ou par la mer, nous enleverons à la difficulté toute sa force et sa valeur. » (*Op. cit. tom.* I, p. 68.) C'est bien sans doute ; mais l'auteur, après cela, va se jeter dans l'opinion de Huston, de Playfer et de M. C. Prevost.

Nous ne nous arrêterons pas à critiquer les opinions particulières, parce qu'elles sont réfutées par tout ce que nous avons dit précédemment.

Nous ne voyons pas non plus de nécessité à nous armer des expériences de Lindley sur la conservation des végétaux dans l'eau et leur carbonisation (1), ni

____

(1) Elles prouvent que les lycopodiacées, les fougères, les

de celle de Nicol et Wikham sur l'espèce des végétaux qui ont formé les houilles (1). Nous ne ferons que remarquer, d'après Thomson, que les houilles contiennent une assez forte proportion d'azote, pour appuyer la croyance que les végétaux qui l'ont produite ont été mêlés dès l'origine à des matières animales, résultant de la décomposition des quadrupèdes et d'autres animaux ; et les géologues les plus avancés s'accordent assez généralement à dire que *les animaux ont concouru à la formation des houilles*. L'anthracite, qui est dépourvu de matière animale, est une houille sèche, occupant un gisement plus profond, formée sans doute par des végétaux déposés dès le commencement du déluge pendant la période d'envahissement, des eaux : elle est aussi beaucoup moins combustible et plus rare.

---

palmiers et les conifères résistent le plus à la décomposition. De plus, ces plantes, et surtout les fougères, épanouissent leurs feuilles dans l'eau. C'est ce qui fait qu'on en rencontre tant et de si belles empreintes. Les feuilles des autres végétaux ont perdu plus facilement leurs formes par leur longue macération dans l'eau.

(1) Ces savants ont prouvé que les houilles sont composées de végétaux, non-seulement monocotylédones, mais aussi dicotylédones ; et leurs troncs fossilés leur ont offert des irrégularités dans leurs couches concentriques, qui prouvent leur végétation sous un climat inégal, c'est-à-dire présentant l'hiver, l'été, etc.

Buckland a trouvé, à Coventry (Angleterre), des troncs silicifiés de sapin dans le *nouveau grès rouge* (grès bigarré), par conséquent au-dessous du dépôt jurassique, qui est le premier dépôt secondaire (Lias). Ces bois se trouvent donc dans une dépendance du terrain houillier.

Les bancs de houilles sont quelquefois accompagnés de couches de grès dans lesquelles des végétaux isolés se sont trouvés empâtés et ont été pétrifiés. On a beaucoup fait valoir, en faveur du système de l'ensevelissement sur place, la verticalité de quelques troncs ainsi enfouis dans les couches superposées à la houille de Treuil (1), près de Lyon ; mais, Buckland et M. Prévost ont fait justice de cette prétention (2). Il est bien évident qu'au retrait des eaux, une partie des végétaux a été ramenée par elles, et à leur retour quelques-uns plus avancés se sont trouvés empâtés dans les sables qui recouvraient la première assise végétale. Aussi le fameux palmier fossile de Charleroi, trouvé en 1858, devait bien naturellement avoir été déposé dans une situation verticale ;

----

(1) A Sourbruck, des troncs de monocotylédons se rencontrent en grand nombre, pétrifiés dans une position verticale, et traversant plusieurs couches de composition différente ; mais comme ils occupent plusieurs plans, et que les uns ont les racines plus élevées que le haut de la tige des autres, il est impossible qu'ils aient été ensevelis sur la place où ils végétaient. Ceci suffirait seul pour détruire l'hypothèse de l'école plutonienne.

(2) Buckland, dans le voyage qu'il y fit en 1826, dit même que le nombre des troncs inclinés est si considérable, que ceux qui sont droits doivent passer pour une exception.

M. Bouée avoue que les végétaux des houillières ne sont pas, pour la plupart, dans leur position originelle et sur leur sol natal (*Guide du géolog.*, tom. II, p. 18). On comprend qu'il a peur de trop concéder à ses adversaires. — C'est un heureux commencement. Il ne tardera pas à donner gain de cause à MM. d'Aubuisson, C. Prévost et Charpentier, qui sont opposés à l'enfouissement sur place.

puisqu'il avait une touffe de racines, et que d'ailleurs le collet de tous les arbres est leur partie la plus pesante.

Un fait singulier et qui est demeuré sans explication, c'est celui de la délimitation nette et franche des strates de houille. Ce fait tout seul suffirait pour renverser le système de l'ensevelissement sur place, et celui de la formation des houilles par transport des végétaux par les courants de mer ou de fleuves. Aussi quelques géologues impartiaux, mais qui travaillent sans égard à la bible, voyant que, dans ces deux hypothèses, les végétaux et surtout les arbres déposés de quelque manière que ce soit, auraient laissé passer dans leurs interstices une partie des matériaux qui les ont recouverts, et que dès lors la couche d'argile ou de grès qui leur est superposée aurait formé avec la leur des inégalités considérables, ont imaginé de dire que la houille est un produit minéral, comme le gypse, par exemple. Mais aujourd'hui ces opinions ne sont pas même discutées, parce qu'elles sont évidemment contraires à l'observation.

Pour nous, cette parfaite séparation des bancs de houille et des couches d'argile ou de sable, cette ligne unie et sans mélange qui les divise, est due à la nature des végétaux qui composent la houille. Les eaux du déluge, après avoir arraché du lit des mers et de la surface terrestre toutes les plantes et les arbres, les ont promenés pendant cinq mois et plus, par toute la terre. Les troncs d'abres ont été dépouillés de leurs menues branches, qui, en suivant le cours des eaux ou l'impulsion des vents, se sont mêlées aux végétaux herbacés, mous et plus semblables à elles que les troncs dont elles étaient séparées. Pendant plus de cinq mois, ce triage a dû nécessairement s'opérer parmi la multitude de corps qui flottaient de toutes parts. Dès lors, toute la partie qui consistait en feuillages et en végétaux herbacés de terre et de mer, a été poussée en avant, et a dû échouer la première, en formant d'immenses amas, lesquels, ramollis et altérés par l'humidité, ont dû céder à la moindre pression d'une couche de sable ou d'argile. On conçoit ainsi comment ils se sont étendus au-dessous comme un lit de feuilles, sans se laisser pénétrer par la matière superposée. On conçoit enfin comment, à chacune de ces immenses marées occasionnées par le mouvement des eaux *(euntes et redeuntes)*, il a dû se déposer de tels amas de végétaux alternant avec des lits de sable ou d'argile, autant de fois que ces espèces de marrées ont eu lieu à l'époque du rétablissement du bassin des mers, c'est-à-dire après le cinquième mois du déluge.

On nous dira sans doute : que faites-vous des troncs d'arbre ? Les troncs d'arbre ont échoué plus tard et ont été recouverts par des couches tertiaires ; ils y forment *les lignites* qui sont aux houilles ce que celles-ci sont à l'anthracite. Nous savons qu'on a cru découvrir dans les houilles une texture ligneuse. Nous pourrions récuser le fait, mais nous pouvons l'admettre aussi ; car, s'il est exact, on peut attribuer cette texture de certaines houilles à la présence d'une grande quantité de branches de dicotylédones, des écorces etc....

Si l'on nous opposait, que, pour former les vastes houillières connues, on doit avoir recours à des milliers et a des millions d'années pour accumuler les végétaux de ces longues époques, nous répondrions que les végétaux terrestres n'ont pas seuls concouru à leur formation, mais encore l'immense quantité de terreau des forêts antédiluviennes, les tourbières de cette époque et la quantité prodigieuse de plantes marines, avec tous les bois transportés pendant seize siècles par les courants marins et par les fleuves de l'ancien monde.

Enfin il est intéressant de remarquer que chaque formation offre son dépôt de carbone, par exemple : à l'état de graphite (carbure de fer, plombagine, mine de crayon) dans les terrains primitifs et de transition ; à l'état d'anthracite dans les terrains de transition et dans les couches inférieures du groupe houillier ; à l'état de houille dans les terrains secondaires inférieurs (groupe houillier) ; à l'état de lignite dans les formations tertiaires où l'on remarque quelque fois une carbonisation incomplète, surtout à la surface. Enfin le terrain de transport ou de l'époque postdiluvienne en offre dans le même état.

Sel gemme et Gypse. Le sel gemme (sel marin), et le gypse ou plâtre, continueront à être la pierre d'achoppement des géologues, tant qu'on n'en attribuera pas la formation aux eaux du déluge ; car qui peut se contenter de l'explication banale qu'on en a donnée ? Qui pourra croire que le sel gemme, par exemple, est le résultat de l'évaporation des eaux de la mer retenues dans un bassin sans issue ? A-t-on pensé à la profondeur qui serait nécessaire à ces eaux pour former seulement une couche de quelques mètres de sel ? Or, la mine de Zipaguira a plus de 150 mètres d'épaisseur. Que si l'on voulait dire que ces bassins se sont remplis et desséchés plusieurs fois, alors il faudrait admettre un fait contraire à l'observation ; car, à chaque épuisement de l'eau, il se serait formé dans l'intervalle une couche quelconque de matière étrangère, et une telle couche n'a été constatée nulle part. D'ailleurs, comment ces bassins se remplissaient-ils à point nommé, et comment l'eau douce venait-elle se mêler à propos à l'eau salée, pour donner lieu à la formation du sel par déssechement ? On sait quelle différence il y a entre le sel ainsi fait et celui des mines ou sel gemme qui est très-dur, beaucoup moins soluble et plus blanc, plus pur, mieux cristallisé.

Cronstœdt, chimiste suédois, ayant constaté l'existence de l'acide chlorhydrique à la surface des mers, tandis qu'il n'existe pas dans les mines de sel et les sources salées des continents, pense que le sel ou chlorhydrate de soude se forme journellement dans le sein des mers par la combinaison de cet acide avec des composés de soude. Si cette opinion ne peut rendre raison des immenses amas de sel connus, elle peut du moins conduire à leur explication.

Disons d'abord que les mines de sel se trouvent dans les diverses formations géologiques, quoique le gisement de plusieurs d'entre elles soit encore un sujet de discussion : telles sont celles du Tyrol et la fameuse saline de Willicska (Pologne).

Si l'on considère donc la composition des eaux du déluge, et si l'on rapproche les faits divers de solidification, de mélange et d'altération des roches, on se fera une idée exacte de la formation du sel gemme et du gypse.

Les acides chlorhydrique et sulfurique ou leurs composants ont dû passer à travers les crevasses du globe et se combiner avec des bases de soude contenues dans les eaux qui recouvraient la surface de la terre, ou provenant des roches d'épanchement. Il s'est donc formé ainsi du sel marin qui a pu se déposer en très-grande quantité, tantôt parfaitement pur, tantôt mêlé aux argiles et aux marnes. Si l'eau contenait de la craie ou d'autres sels de chaux, ils ont dû se transformer en sulfate ou gypse, et se déposer tantôt à l'état de pureté et en cristallisant sous diverses formes, suivant les circonstances, tantôt à létat de mélange avec les matières de sédiment voisines ou concomitantes. Aussi observe-t-on que les terrains sont imprégnés de sel ou de gypse au voisinage de toutes les mines de ces substances.

On a constaté la présence du sulfate de chaux, et souvent de petits amas de gypse aux environs des plâtrières du Dauphiné : cette substance incruste souvent ses cristaux dans les roches voisines, de manière même à altérer profondément celles de quartz.

Dans la vallée de la Garonne, les argiles renferment çà et là de petits amas de plâtre; et les marnes qui servent de gangue aux platrières de la Provence, en contiennent abondamment jusqu'à de grandes distances de la couche gypseuse exploitée.

C'est à cette imbibition des terrains voisins des mines, par la substance qui constitue ces mines, que l'on peut rapporter la formation des nouvelles couches dans les galeries : c'est ainsi que, dans les carrières d'Arcy-sur-Eure, les infiltrations du gypse venant des couches étrangères superposées à celle de gypse exploitée, déposent de cette substance à la place de celle qu'on a enlevée.

Nous venons d'exposer dans le présent chapitre le grand événement qui a si profondément modifié la surface terrestre, c'est-à-dire la cause géologique universelle, la seule rationnellement acceptable d'après le récit biblique. Nous l'avons méditée, cette cause, nous lui avons opposé, dans le secret de l'étude, les faits les plus scabreux de la science, pour nous assurer de sa valeur réelle ; et nous pouvons affirmer qu'aucun d'eux ne nous a paru la contredire. C'est trop peu dire : nous avons reconnu qu'il n'y a pas de fait, si inexpliqué et si mystérieux qu'il soit, qui ne trouve dans le cataclysme mosaïque son explication naturelle et véritable.

CHAPITRE VI.

FIN DE L'UNIVERS.

Dans l'ordre matériel, tout ce qui a eu un commencement doit avoir une fin. Nous avons fait assister le lecteur à la naissance de l'univers ; nous devons maintenant lui dire un mot de sa fin. Nous le devons avec d'autant plus de raison que les savants modernes semblent avoir pris à tâche de taire la grande catastrophe finale, ou plutôt d'en faire oublier l'impérissable tradition. Un des plus grands malheurs de l'humanité, c'est l'oubli si fréquent et si déplorable des menaces que Dieu, dans sa miséricorde, fait aux hommes qui méprisent sa loi et sa justice.

Est-il possible de méconnaître la pensée de Dieu dans tous les événements de ce monde ? Jetés pour quelques moments sur la croûte mouvante d'un globe comme perdu dans l'espace ; vivant au milieu des ruines d'un monde qui s'use comme un vêtement, devrions-nous un instant oublier cette formidable éternité vers laquelle nous précipite fatalement chaque jour de notre vie ! Oui, chaque jour, chaque heure même est un pas de fait dans ce court et chanceux voyage ; tout est emporté par le torrent des âges, tout est détruit par le temps, tout enfin est dévoré par la mort. Nous le voyons, nous le sentons, nous l'éprouvons et nous l'oublions. « Tout passe avec nous et comme nous, dit Massillon ; une rapidité que rien n'arrête entraîne tout dans les abîmes de l'éternité : nos aïeux nous en frayèrent hier le chemin, et nous allons le frayer demain à ceux qui viendront après nous. Les âges se renouvellent, la figure du monde passe sans cesse : les morts et les vivants se remplacent et se succèdent continuellement ; rien ne demeure : tout change, tout s'use, tout s'éteint. Dieu seul demeure toujours le même ; le torrent des siècles qui entraîne tous les hommes coule devant ses yeux, et il voit avec indignation de faibles mortels, emportés dans ce cours rapide, l'insulter en passant, vouloir faire de ce seul instant tout leur bonheur, et tomber, au sortir de là, entre les mains éternelles de sa colère et de sa justice. »

Oui, nous oublions ces effrayants et salutaires avertissements que Dieu nous donne pendant les quelques jours de notre pélerinage, pour nous rappeler le souvenir des jours éternels et de nos plus hautes destinées.

La science qui nie ces sublimes destinées ou qui les révoque en doute, est une science illusoire, une science perfide qui devrait être à jamais effacée de la mémoire des hommes. Bannissons donc cette science vaine avec tout son orgueil, qui ruine et désespère, et embrassons la science de Dieu, qui toujours édifie et console. A quoi a servi leur science coupable aux hommes antédiluviens ? A quoi ont servi à la Pentapole ses criminels plaisirs, à Herculanum et a Pompéi leurs richesses et leur luxe ? (1) Mais les catastrophes qui ont frappé les peuples coupables ont hâté la récompense des justes. Pour ceux-ci, il n'y a, dans l'ordre physique, aucun malheur réel ici-bas. Dieu subordonne et fait tout servir au bien de ses élus : *Diligentibus Deum omnia cooperantur in bonum.* (Rom. VIII-28.)

Ainsi, dans l'ordre actuel, dans l'ordre du temps, tout doit finir ; les tentes de cet univers n'ont été dressées à l'homme que pour y passer quelques jours

---

(1) Si les arts, la religion, les spectacles, les habitudes générales sont l'expression d'une époque, d'un peuple et d'une ville, Herculanum et Pompéi méritaient l'horrible châtiment qui les anéantit. » (*Les trois Rome,* par M. l'abbé Gaume, t. II, p. 667.)

courts et mauvais : *Dies parvi et mali.* (Gen. XLVII-
8.)

Vous donc, hommes de toute nation, de toute tribu
et de toute langue qui soient sous le ciel, vous mourrez
un jour comme l'univers ; mais vous, comme l'univers, vous ne serez point anéantis ; vous serez renou-
velés ou changés... Écoutons donc la voix de Dieu et
n'endurcissons pas nos cœurs ; ou plutôt rendons-les
dociles et soumis aux divins commandements. et nous
ne craindrons ni le voyage terrible de l'éternité,
ni aucun de ses nombreux accidents. La charité
chassera toutes les craintes charnelles et terrestres ;
une seule, une seule demeurera, la crainte de Dieu.
Et alors chacun de nous pourra dire :

> Soumis avec respect à sa volonté sainte,
> J'aime, je crains mon Dieu, et n'ai point d'autre crainte.

PARAGRAPHE UNIQUE.

Disons donc maintenant un mot de la fin de l'univers ; non pas de l'époque où elle aura lieu, mais de
la manière dont elle se fera.

Ici le flambeau de la science humaine pâlit tout à
coup et ne jette plus que des lueurs faibles et incertaines. La science de l'homme s'arrête pour laisser
passer la science de Dieu. Et, en effet, les lumières
vives de la parole divine, c'est-à-dire les clartés des
vérités bibliques, éclaireront et dirigeront seules nos

pas : *Lucerna pedibus meis verbum tuum, et lumen semitis meis.* (Ps. 118.)

Nous n'hésitons pas à rapporter à une tradition divine l'opinion généralement adoptée par les peuples de tous les temps, que le monde doit finir par le feu. Cette opinion faisait partie de la religion des anciens asiatiques, et même de celle des Grecs et des Romains, comme on peut le voir dans Héraclite, dans les Métamorphoses d'Ovide, dans Sénèque le philosophe, dans Pline le naturaliste, dans Cicéron qui a écrit ces paroles remarquables : « *Ex quo eventurum est ad extremum, omnis mundus ignesceret, cum, humore consumpto, nequè terra ali posset, nequè remearet aer, cujus ortus, aqua omni exhausta, esse non posset; ita relinqui nihil præter ignem ; à quo rursùm animante, ac deo, renovatio mundi fieret* »(Lib. II de nat. Deor.)

L'historien Josèphe rapporte que les enfants de Seth gravèrent leurs connaissances sur deux colonnes qu'ils érigèrent à cet effet : l'une était en brique afin qu'elle pût résister au feu, l'autre en pierre pour qu'elle pût résister à l'eau ; car Adam leur avait prédit que le monde devait périr par l'eau et par le feu : « *Et ne dilàberent ab hominibus quæ ab eis inventa videbantur, aut antequàm ad notitiam venirent, deperirent, cùm prædixisset Adam exterminationem rerum omnium, unam ignis virtute, alteram verò aquarum vi ac multitudine fore venturam : duas facientes columnas aliam quidem ex lateribus, aliam verò ex lapidibus, in ambabus quæ invenerant conscripserunt : ut et si constructa lateribus exterminaretur ab imbribus , lapidea permanens præberet hominibus scripta cognoscere: simul et quia lateralem, aliam posuissent : quæ tamen lapidea permanet hactenùs in terra Syria »* (F. Josep. antiq. Judaïc. lib. I, c. 4.)

La croyance générale de l'antiquité était donc que le monde devait périr par le feu. La science profane, même moderne, semble confirmer cette tradition universelle.

Buffon, qu'on a accusé de vouloir placer peu à peu la terre dans le froid absolu et dans l'inaction glaciale du tombeau, a dit, en terminant son chapitre snr les calcaires, que la chaleur du globe augmentait par le mouvement continuel de composition et de décomposition, et qu'il pourrait bien se faire qu'enfin la terre pérît par le feu. Bourget lui avait peut-être soufflé cette idée : « La terre s'échauffe, disait-il, elle s'embrâsera à la fin. » (*Lett.* 1729.)—M. D'Alvirmare a émis la même opinion en ces termes : « La succession toujours renouvelée des êtres finira par le feu, provenant d'un dégagement considérable de chaleur produite par l'augmentation progressive de densité des couches, et par les combinaisons chimiques des matières qui composent l'intérieur du globe ».

Ces auteurs ont voulu prouver humainement la possibilité de cet embrâsement final. Maintenant le lecteur, après avoir lu ce que nous avons dit dans le chapitre de l'organisation de la matière, peut aisément apprécier la valeur de leurs hypothèses. Mais, répétons-le, la science humaine ne leur est ici que d'un très-faible secours. Prenons donc la Bible qui contient la plus haute des sciences, la science par excellence ; nous y trouverons le complément et la conclusion finale de notre Théorie biblique.

Le prince des apôtres, dans sa seconde épître, combat l'erreur de ceux qui s'imaginent que l'ordre actuel des choses doit persévérer indéfiniment. C'est la parole de Dieu, dit-il, qui a donné au ciel et à la terre leur consistance : *Consistens Dei verbo.* Mais ce ciel et cette terre, conservés par cette même parole, sont destinés au feu pour le jour du jugement : *Igni reservati in diem judicii.* Alors les cieux passeront avec grand fracas : *Cœli magno impetu transient.* Les éléments seront dissous par la chaleur : *Elementa vero calore solventur.* La terre et tout ce qu'elle renferme seront brulés : *Terra autem, et quæ in ipsa sunt opera, exurentur.....* Les cieux embrasés seront dissous, et les éléments seront réduits par l'ardeur du feu : *Cœli ardentes solventur, et elementa ignis ardore tabescent.* (2. Petr. III-7. 10. 12.)

Il est à remarquer que l'on ne voit nulle part dans l'Écriture, que le ciel et la terre ni même la moindre créature, seront anéantis. Rien ne sera donc absolument annihilé, mais seulement changé ou renouvelé : *Didici quod omnia opera, quæ fecit Deus, perseverent in perpetuum.* (Eccl. III-14.)

Cette espèce d'immortalité ou cette pérennité des créatures ne doit être admise que quant à leur substance intrinsèque, et non quant à leur mode d'existence, à leur forme et aux lois qui les régissent dans l'ordre actuel. C'est dans ce sens que nous avons dit que tout ce qui a eu un commencement doit avoir une fin.

Le dogme de la métempsycose des anciens, bien considéré, fut un de ces mille éclairs scintillants de l'admirable science des hommes primitifs, qui n'ont traversé les âges, pour nous parvenir, qu'en s'enveloppant du manteau de la fable. A ce mythe donc ôtons ce voile mystérieux, et nous aurons la croyance primitive, un dogme vrai de la philosophie biblique et antédiluvienne, l'immortalité de la matière. Nous verrons tout à l'heure qu'elle sera renouvelée et purifiée par le feu.

Quand donc la fin de cet univers sera venue devant Dieu, il y aura véritablement alors une incandescence générale, parce que la nature aura vécu.

20

Or, à notre point de vue scientifique et biblique, il n'y a incandescence (chaleur et lumière), c'est-à-dire manifestation de l'agent universel au plus haut degré, qu'à la naissance ou à la mort d'un être minéral, ou, si l'on aime mieux, à la composition ou à la décomposition d'un corps. Cette haute manifestation de la lumière-force a eu lieu au commencement pour l'organisation de la matière, alors que chaque molécule reçut ses propriétés de la force luminique. Mais cet agent vital de l'univers n'a produit alors aucune incandescence durable et fixe, puisque sa puissance est passée en action organisatrice et permanente sur la matière du chaos jusque-là sans propriétés connues.

Dans le monde actuel, les phénomènes d'incandescence sont restreints et passagers, parce qu'ils sont l'effet accidentel des compositions et des décompositions dont la chaîne non interrompue est la plus haute expression du mouvement de l'action luminique qui pousse, entraîne et maintient la matière dans le cercle de l'existence. Mais, quand la fin des choses arrivera, quand l'agent universel se retirera, alors la cessation de la vie minérale se manifestera par l'explosion effroyable d'une incandescence universelle, puisque la matière rendue à l'inertie et à la mort subira un immense travail purificateur dans un inconcevable excès de calorique.

Les cieux, nous le répétons, passeront avec

grand fracas : *Cœli magno impetu transient ;* les éléments seront dissous par la chaleur : *elementa verò calore solventur ;* le feu dévorera la terre avec tous ses germes, il embràsera les fondements des montagnes : *devorabit terram cum germine suo, et montium fundamenta comburet.* (Cant. Moys. Deuter. 32.) La force luminique avait tout organisé à la parole du Tout-Puissant ; la même parole, en retirant cette force plastique, désorganisera tout, pour soumettre tout à un ordre nouveau régi par de nouvelles lois.

C'est pourquoi les étoiles tomberont du ciel : *Stellæ cadent de cœlo* (Matth. XXIV-29); leurs éléments constitutifs dissous par le feu, ces masses célestes se précipiteront vers la terre, le centre des opérations du Créateur, le but de tout l'univers et l'objet de toutes les sollicitudes de Dieu. On ne peut se faire une idée plus juste de cet état de choses qu'en comparant la terre, à ce dernier moment de son existence, à ce qu'elle était au premier jour de la création. Alors l'univers commençait, et la terre formée seule encore était entourée de la matière cosmique qui venait de recevoir ses propriétés vitales du sublime *Fiat lux.* Maintenant que l'univers finit, tout revient à cet état primitif pour recevoir un nouveau mode d'existence. Ce sera probablement alors, à ce moment suprême et solennel, que le jugement dernier aura lieu ? Quelle imagination humaine, si poétique et si hardie qu'elle soit, pourra jamais rien concevoir d'aussi formidable et, d'aussi majestueux que l'avénement du *Fils de l'hommme* porté sur les nuées du ciel, *in nubibus cœli* (Matth. XXVI-64), pour tenir les grandes assises du genre humain ! Ces nuées seront sans doute formées par cet océan de matière lumineuse qui rejaillira de la décomposition des cieux, et qui s'accumulera autour de la terre devenue le théâtre de la dernière scène de l'univers en ruines.

Et c'est alors que Dieu fera ces nouveaux cieux et cette terre nouvelle qu'il a promis, et où régnera la justice : *Novos verò cœlos, et novam terram secundùm promissa ipsius expectamus, in quibus justitia habitat.* (2, Petr. III-13.)

Telle sera la fin de l'ordre des choses actuel.

Pour rendre un jour tous les êtres éternellement immuables, Dieu n'aura qu'à modifier son action sur eux, en séparant les deux actions de la force luminique, dont les combinaisons, dans le monde actuel, produisent le mouvement et la succession des êtres, c'est-à-dire le temps. Alors la lumière, séparée de nouveau des ténèbres, ramènera quelque part une nuit absolue, une nuit horrible et éternelle avec une incandescence inextinguible : *Nox perpetua et ignis inextinguibilis*, tandis que d'un autre côté, il y aura quelque part aussi une lumière absolue, indéfectible et éternelle : *Lux perpetua.* Ce sera une lumière ineffable que l'œil de l'homme n'a jamais vue : *Quod oculus non vidit* (1. Cor. II-9.)

Alors commenceront un nouvel ordre de choses·
et un mode d'existence en dehors de l'action du
temps ; car, dès lors, il n'y aura plus de temps,
tempus non erit ampliùs (Ap. X-6), c'est-à-dire
plus de changement ni succession des êtres, plus
de forces adverses dont l'action antagoniste entretient l'équilibre dans la création actuelle ; elles
convergeront à tout jamais dans la consommation
de l'unité. Oui, en ce jour ultime et sans lendemain,
le temps cessera, l'éternité commencera et tout demeurera fixe et immuable. L'état des êtres sera donc
alors éternellement fixé. L'humanité temporelle
finira ; un bonheur éternel sera le partage des justes,
et un malheur sans terme sera le sort des réprouvés,
parce qu'en Dieu résident essentiellement une répulsion invincible pour le mal et une attraction invincible pour le bien, c'est-à-dire nécessité invincible de la punition éternelle du mal, et nécessité invincible de la récompense éternelle du bien : en
deux mots, privation ou possession éternelle de
Dieu.

Ce dogme, universellement cru par le genre humain
tout entier depuis l'origine des choses, est non-seulement enseigné par la foi chrétienne, mais encore
par la religion et la croyance constante de tous les
peuples de la terre ; c'est donc une loi de la nature :
Quod semper, ubique et ab omnibus, etc. La certitude de ce dogme indestructible est plus forte que
toute certitude humaine ; elle l'emporte même sur

la certitude mathématique, quoique d'un autre ordre, parce qu'elle est gravée et comme incrustée dans la nature humaine, tandis que les mathématiques n'ont pas une base absolument certaine, ni des principes invinciblement prouvés. Je vois, dit le fameux Barthez, dans les mathématiques, une suite de conséquences parfaitement liées ; pour la base, *je ne sais ce qu'elle est.*

Ecoutons encore un mathématicien : « L'on détruirait complètement la géométrie, si on l'obligeait de démontrer les axiomes et les théorêmes qui en sont le fondement ; elle ne subsiste qu'en vertu d'une convention tacite d'admettre certaines bases nécessaires, convention que l'on peut exprimer en ces termes : Nous nous engageons à tenir tels principes pour certains, et à déclarer quiconque refusera de les croire sans démonstration, coupable de révolte contre le sens commun.... Pour en indiquer quelques exemples, on énonce, dès l'entrée de la géométrie, comme un axiome incontestable, que *la ligne droite est le plus court chemin d'un point à un autre,* ce qui d'abord n'est rien moins qu'évident ; et tout aussitôt l'on est obligé de supposer encore plus gratuitement, *qu'on n'en peut mener qu'une.* On arrive ensuite, tant bien que mal, à la théorie des parallèles, l'écueil de tous les géomètres, et qu'on est contraint d'admettre sans aucune démonstration rigoureuse. Toutes celles qu'on a essayé d'en donner jusqu'ici ont le vice radical de supposer que deux lignes qui se rapprochent sans cesse finissent par se rencontrer, supposition non-seulement graduite, mais démontrée fausse par l'exemple des asymptotes….. En Algèbre, on est forcé de supposer sans preuve, *que la somme est toujours la même, quel que soit l'ordre qu'on suive dans l'addition de ses parties.* » (*Essai sur l'indifférence en matière de religion*, t. II, p. 25, 3ᵉ édit., par M. de la Mennais).

Nous ajouterons qu'une des branches les plus importantes des mathématiques, la statique, est fondée sur un principe qu'on est convenu d'admettre *à priori*, savoir que la force totale ou la *résultante* qui agit sur un corps dans une direction donnée, est égale à la somme des forces partielles qui agissent sur un corps dans cette même direction ; ce qui n'est nullement démontré.

De cette certitude biblique, supérieure à toute certitude humaine et mathématique, l'homme doit tirer cette conclusion souverainement importante : qu'il lui faut incessamment graviter vers Dieu dans le temps, pour lui être indissolublement uni dans l'éternité. Le désir de Dieu, la prière, la pratique du bien, voilà les ailes de la foi et les moyens sûrs d'obtenir cette félicité aussi incompréhensible dans son essence qu'elle est infinie dans sa durée.

Possession de Dieu, union à Dieu, quel langage pour un siècle matérialiste ! et pourtant lui en tenir un autre, ce serait le tromper.

En Dieu les torrents de lumière, un fleuve de paix, les délices éternelles ! Mais quel monde nouveau ? Plus de lois physiques, plus de pesanteur, plus d'attraction, plus d'impénétrabilité ! Qui dira la manière d'être de la matière spiritualisée, l'agilité, l'éclat de ces corps semés dans la corruption et ressuscités dans la gloire ! *Seminatur corpus animale, surget corpus spiritale ?* (1. Cor. XV-44.)

Qui dira les ineffables harmonies de l'action éternelle d'un Dieu éternellement en repos ? Qui dira les relations de Dieu avec ses créatures, qui dira leur union ? La charité, la charité seule, qui demeure éternellement !

NOTE

De la longévité humaine et de la quantité de vie sur le globe, *par* M. Flourens, *secrétaire perpétuel de l'Académie des sciences et professeur de physiologie comparée du Muséum d'histoire naturelle de Paris.*

———

L'objet de cette note est de faire voir que de la belle et grande loi récemment découverte par l'illustre secrétaire perpétuel de l'Académie des sciences, découle naturellement la raison anatomico-physiologique de la prodigieuse longévité des patriarches antédiluviens.

Buffon avait fait un grand pas vers la vérité lorsqu'il disait : « La durée de la vie peut se mesurer en quelque façon par celle du temps de l'accroissement. Un animal qui prend en peu de temps tout son accroissement périt beaucoup plus tôt qu'un autre auquel il faut plus de temps pour croître. » Il dit de l'homme : « L'homme qui ne meurt point de

maladies vit partout quatre-vingt-dix ou cent
ans. »

« Il y aura, dit M. Flourens, bientôt une quin-
zaine d'années que j'ai commencé une suite de
recherches sur la loi physiologique de la durée de
la vie , soit dans l'homme, soit dans quelques uns
de nos animaux domestiques. Le résultat le plus
frappant de ce travail, ainsi qu'on le verra tout à
l'heure, est celui-ci, savoir que la durée normale
de la vie de l'homme est d'un siècle.

« Une vie *séculaire*, voilà donc ce que la
Providence a voulu donner à l'homme. Peu d'hommes, il est vrai, arrivent à ce grand terme ; mais
aussi combien peu d'hommes font-ils ce qu'il
faudrait faire pour y arriver ? Avec nos mœurs, nos
passions, nos misères, l'homme ne meurt pas, il se
tue. » (p. 40.)

Haller, qui a rassemblé un grand nombre d'exemples
de *longues vies*, en compte plus de 1,000, de 100
à 110 ans ; 60, de 110 à 120 ans ; 29, de 120 à
130 ; 15, de 130 à 140 ; 6, de 140 à 150 ; 1 de
169.

A l'époque du dernier recensement, il y avait dans
le haut Canada, ayant cent ans et plus, 14 hommes
et 19 femmes... Dans le bas Canada, il y avait 40
centenaires, 20 hommes et 20 femmes. Dans l'Ouest
du Canada il y avait, de l'âge de 90 à 100 ans, 142
hommes et 96 femmes. Dans l'Est, de 90 à 100 ans,
198 hommes et 209 femmes. Dans l'Ouest du Canada,

de 80 à 90, 1071 hommes 863 femmes. (1)

Un document officiel, publié récemment en Russie, prouve combien les latitudes septentrionales sont favorables à la longévité. Dans un des derniers recensements fait par ordre du gouvernement, on voit qu'il est mort en Russie 10 vieillards qui avaient plus de 110, un qui avait 130 ans. En moyenne on compte 1,063 centenaires dans l'empire Russe. Ce même document rappelle que dans le district de Polosk, un homme était parvenu à l'âge de 168. Il avait vu sept souverains sur le trône de Russie, et se rappelait très-bien la bataille de Pultava, en 1709, où il avait combattu comme soldat dans le rang des Russes. Il est mort au commencement de ce siècle. L'aîné de ses fils avait alors 96 ans et le plus jeune 82.

Nous avons rapporté dans notre *Physiologie catholique*, 3° édition, un fait de longue vie très-remarquable et très-authentique. Il appartient aussi à l'Amérique du Nord. Le voici : Jenkins, qui vécut 169 ans (c'est celui probablement dont parle Haller) était un pauvre pêcheur qui traversait encore à 100 ans les rivières à la nage. On l'appela un jour en témoignage pour un fait passé depuis cent quarante ans, et il comparut avec ses deux fils, dont l'un avait cent deux ans et l'autre cent ans. On voit voit encore dans l'É-

---

(1) Eu égard à la faible population de ces contrées, ces chiffres sont très-remarquables.

glisc de Bolton, près de Richemont, dans l'Yorkshire, son épitaphe, posée en 1670, époque de sa mort.

Le directeur du bureau central de statistique donne les renseignements suivants sur neuf personnes qui jouissent actuellement, dans la république du Chili, de la plus grande longévité :

A Talea, Jose-Maria Bustos, agé de 133 ans ;

A Quillota, Augustin Roméro, agé de 121 ans ;

A Melipilla, Bartola Allende, âgée de 120 ans ;

A Coclemu, Jesepha Garcia, âgée de 120 ans ;

A Santiago, Augustina Norata, âgée de 120 ans ;

A Santa-Rosa de los Andes, Juan-Antonio Celedon, âgé de 121 ans, veuf, et nouvellement marié avec une femme de 98 ans ;

A San-Fernando, Maria de la Cruz Sandobal, âgée de 120 ans, actuellement mariée en secondes noces ;

A Santa-Rosa de los Andes, Clara Tapia, deux fois mariée, âgée de 118 ans ;

. Au Parral, Remijio Mandureira, célibataire, âgé de 118 ans. (*Mécurio del vapor*, Journal de Valparaiso, Octobre 1855.)

Voilà de nombreux exemples de longévité dans un pays qui compte à peine un million et demi d'habitants.

Il résulte de tous les faits qui précèdent, que l'homme bien constitué et placé dans des conditions hygiéniques physiques et morales convenables, vit souvent près d'un siècle et quelquefois davantage.

« La durée totale de la vie peut se mesurer, dit Buffon, par celle du temps de l'accroissement. L'homme qui est 30 ans à croître, vit 90 à 100 ans ; le chien qui ne croît que pendant 2 ou 3 ans, ne vit que 10 à 12 ans. Il en est de même de la plupart des autres animaux. »

Voilà bien les rapports établis, la loi indiquée ; mais la juste mesure de ces rapports n'était pas encore fixée et pour cela il fallait donner le signe physique du terme de l'accroissement. Ce signe, qui a échappé à l'œil pénétrant de Buffon, M. Flourens l'a découvert : il consiste *dans la réunion des os à leurs épiphyses.* Voilà la loi. (1)

« Tant que les os ne sont pas réunis à leurs épiphyses, l'animal croît, dit M. Flourens ; dès que les os sont réunis à leurs épiphyses, l'animal cesse de croître...

« Dans l'homme, cette réunion des os et des épiphyses s'opère à vingt ans. Elle se fait dans le chameau à huit ans ; dans le cheval à cinq ans ; dans le bœuf, a 4 ; dans le lion, à 4 ; dans le chien, à 2 ; dans le chat, à 18 mois ; dans le lapin, à 12 ; dans le cochon d'Inde, à 7, etc. Or, l'homme vit 90 ou 100 ans , le chameau en vit 40, le cheval 25, le bœuf 15 à 20, le lion vit environ 20 ans, le chien

---

(1) On entend par *épiphyses*, des éminences osseuses unies au corps des os au moyen d'un cartilage. L'animal (il n'est question ici que des mammifères) cesse de croître quand les épiphyses sont soudées aux os et que le cartilage a disparu.

de 10 à 12, le chat 9 à 10, le lapin vit 8 ans, le cochon d'Inde de 6 à 7, etc, etc. (p. 94.) (1)

« L'homme est 20 ans à croître et il vit cinq fois vingt ans, c'est-à-dire 100 ans ; le chameau est 8 ans à croître, et il vit cinq fois 8 ans, c'est-à-dire 40 ans ; le cheval est 5 ans à croître et il vit cinq fois cinq ans, c'est-à-dire 25 ans, et ainsi des autres. » (p. 95.)

Après avoir fixé la vie normale, M. Flourens dit qu'il y a encore des êtres privilégiés qui dépassent beaucoup la limite normale. Ainsi, par exemple, le cheval, dont la vie normale est de 25 ans, peut aller jusqu'à 50 ; le chameau qui vit 40 ans, à 80 ; le lion qui vit d'ordinaire 20 ans, à 40. Si la vie exceptionnelle, dans les mammifères, est à peu près le double de la vie normale, ne peut-on pas en conclure qu'il en est de même dans l'espèce humaine ? Et c'est précisément ce qui ressort de l'observation des faits. Haller cite deux exemples de vie extrême, l'un de 152 ans et l'autre de 169. Or, 170 ans seraient juste le double de 85 ans, âge qui

---

(1) Un mot sur l'âge de l'éléphant. Quelques auteurs ont prétendu que l'éléphant vivait 4 ou 500 ans ; Aristote dit 200 ; d'autres disent 130, 140, 150 ; Buffon au moins 200 ; Cuvier près de 200.

On trouve dans les *Transactions philosophiques* l'histoire d'un jeune éléphant qui mourut à l'âge d'environ 30 ans et dont les épiphyses n'étaient pas encore soudées. On peut donc être sûr, et sûr dès ce moment même, dit M. Flourens, que l'éléphant vit plus de 5 fois 30 ans, c'est-à-dire plus de 150 ans.

rentre dans la durée normale de la vie humaine.

Ces considérations préliminaires nous conduisent naturellement à une grande question de physiologie philosophique, c'est-à-dire à la prodigieuse longévité des patriarches antédiluviens. (1)

Venons maintenant aux grands faits bibliques, objet principal de cette note. Comment nous arrangerons-nous avec ces grands âges de près de mille ans des patriarches antédiluviens ? Ne renversent-ils pas le nouveau système ? On pourrait le croire peut-être à la première vue ; mais au fond, nous croyons qu'il n'en est rien, que la théorie est solide, et que, sans trop fléchir, elle nous semble assez forte pour supporter la masse de ces faits prodigieux.

La loi, dans sa généralité, nous paraît donc vraie et applicable aux âges génésiaques : c'est-à-dire que les patriarches antédiluviens n'ont commencé à engendrer que fort tard, ayant presque tous déjà plus d'un siècle, c'est-à-dire lorsqu'ils étaient arrivés au terme

---

(1) Cette prodigieuse longévité, est un fait reconnu par toute l'antiquité. Indépendamment de l'histoire sacrée, l'histoire profane et la fable nous en fournissent des monuments et des preuves. Homère fait dire à Nestor : que la longueur de sa vie n'est rien en comparaison de celle des anciens héros. Josèphe, allègue le témoignage de Manéthon, de Bérose, de Mochus, d'Hestiœus, de Jérôme l'égyptien et des auteurs des antiquités phéniciennes. Il dit aussi qu'Hésiode, Hécatie, Hellonicus, Acusilaüs, Ephorus et Nicolaüs ont attesté que les anciens vivaient *mille ans.*

de leur parfait accroissement, comme les hommes d'aujourd'hui ne commencent généralement à engendrer qu'à vingt ans : c'était l'époque de la loi des épiphyses de ce temps là. Entrons dans quelques détails.

En vertu de la nouvelle théorie, les patriarches antédiluviens ont dû mettre un siècle et demi ou près de deux siècles, c'est-à-dire le cinquième de la durée de leur vie totale pour obtenir leur parfait accroissement. Eh bien ! c'est précisément ce qui a eu lieu généralement ; et notez que ce temps de près de deux siècles d'accroissement et d'affermissement de la machine humaine n'était pas un laps de temps trop long ; un tel fondement n'était pas trop solide pour soutenir le poids d'une vie de près de mille ans. Mais voici ce qui est singulièrement remarquable, qui vient puissamment à l'appui de la belle et nouvelle théorie, et qui donne la raison d'être de la longévité des patriarches antédiluviens : L'Écriture dit que Mathusalem, ce grand doyen d'âge de tout le genre humain engendra Lamech à l'âge de 187 ans et qu'il en vécut 969. Or. 187, c'est à très peu près le cinquième de 969 et ainsi des autres. Après Mathusalem, dans l'ordre de la longévité, se présente Jared qui engendra Hénoch à l'âge de 162 ans et qui en vécut 962. Après Jored, vient Noé qui engendra Sem, Cham et Japhet à l'âge de 500 ans, et qui en vécut 950.

Il y a ici, chez Noé, une notable différence en plus,

et c'est la seule dans la Bible. Elle n'est nullement contre la nouvelle loi physiologique ; il aurait dû normalement engendrer à 190 ans ou à peu près ; s'il a engendré fort tard, à 500 ans, c'est à peu près comme on voit aujourd'hui des hommes engendrer à 60, à 70 et même à 80 ans, au lieu de le faire de 20 à 30 ans. Après Noé, toujours suivant l'ordre de la longévité, vient Adam qui a vécu 930 ans et qui engendra Seth à 130 ans, après avoir engendré Caïn et Abel peu de temps après sa création. Seth, à son tour, qui vécut 912 ans, engendra Enos à 105 ans. Caïnan engendra à 70 ans Malaleel, et en vécut 910. Enos engendra Caïnan à 90 ans et en vécut 905. Malaleel engendra à 65 ans Jared, et en vécut 895. Hénoch, déjà mentionné, engendra à 65 ans Mathusalem, aussi déjà mentionné, et en vécut (*ici-bas*) 365. Lamech, fils de Mathusalem, engendra Noé, déjà mentionné, à 182 ans et n'en vécut que 777. Si celui-ci est mort assez *jeune*, c'est probablement par l'effet de quelque maladie accidentelle. Nous ne parlons pas de plusieurs autres qui ont commencé à engendrer fort *jeunes*, comme à 90, 70 ans et même encore au-dessous ; mais c'est là l'exception de la règle, comme on voit de nos jours des enfants précoces et très-forts engendrer à l'âge de 16, 15 et 14 ans : c'est dans la même proportion ou à peu de chose près. Si des hommes de 90 et de 70 ans et même au-dessous, ont pu engendrer à cet âge, c'est qu'ils étaient aussi déjà *pubères* et précoces. Il faut ici noter surtout que l'Écriture établit que tous les patriarches antédiluviens n'ont commencé à engendrer qu'à l'âge ci-dessus indiqué, c'est-à-dire à peu près vers la fin du premier cinquième de la durée totale de leur vie, excepté pourtant Adam qui a pu engendrer immédiatement ou peu de temps après sa création, parce qu'il n'a pas été engendré, mais créé à l'état d'adulte parfait. Il a engendré Caïn et Abel après son expulsion du paradis terrestre, et Seth à 130 ans. L'Écriture ne dit nulle part que tous ces patriarches, excepté Adam, eussent déjà engendré avant l'époque ci-dessus indiquée ; mais elle a bien soin de dire que tous ont ensuite, après leur première procréation, engendré des fils et des filles, *genuerunt filios et filias*. On ne sait combien, mais probablement en très-grand nombre, vû la nécessité de la multiplication du genre humain.

Après Noé, qui vécut 950 ans, la durée de la vie humaine a successivement et notablement diminué. Sem, son fils, ne vécut que 600 ans. Arphoxas, fils de Sem, 338. Sale, son fils 433. Heber, fils de Sale, 463. Phaleg, fils d'Heber 239. Reu, son fils, 239. Sareg, son fils, 230. Nachor, son fils, 148. Thare, fils de Nachor, 205. Abraham, fils de Thare, 175, et Sara, sa femme, 127. Isaac, fils d'Abraham 180. (Isaac se maria à 40 ans). Jacob, fils d'Isaac, 147. Joseph, fils de Jacob, 110 ans. Moïse, 120, et Marie, sa sœur, environ 130. Josué, 110. Tobie père, 102. Tobie fils 99.

Quant au chiffre de l'époque de la procréation, il s'est aussi sensiblement abaissé jusqu'à celui de 35 et même jusqu'à 30 et 29, à peu près dans la même proportion descendante que le chiffre de la durée de la vie de l'homme. On comprend assez qu'on ne peut exiger ici une exactitude mathématique ; l'exactitude morale et générale, en pareille matière, suffit à l'objet principal de la théorie. Nous avertissons que jusqu'ici nous n'avons suivi que la Vulgate. Si cependant l'on ne trouvait pas un rapport assez exact entre les chiffres qui indiquent l'époque de la génération et ceux de la vie totale, comme par exemple chez Seth qui vécut 912 ans et qui n'en avait que 105 quand il engendra Enos ; dans ce cas, il y a un moyen facile de faire tout concorder de la manière la plus complète et la plus satisfaisante : vous n'avez qu'à suivre la version des Septante et vous ajouterez 100 ans à 105. On peut appliquer la même règle à quelques autres patriarches antédiluviens et à tous les patriarches postdiluviens qui ont engendré fort jeunes, comme à 30, à 35 ans, et aussi qui n'ont vécu que deux, trois ou quatre cents ans. En ajoutant avec les Septante, 100 ans à l'âge qui a précédé leur première procréation, on dépasse le chiffre normal ; et ces jeunes patriarches rentrent alors dans la condition de Noé qui n'a engendré qu'à 500 ans. A l'aide de cette méthode, la nouvelle théorie reçoit une complète application, et elle ne souffre que deux légères exceptions dans toute la Bible : celle de Caïnan qui engendra à 70 ans, et celle de Malaleel à 65. D'ailleurs, en ajoutant, avec les Septante, 100 aux deux chiffres 70 et 65, vous aurez 170 et 165 qui seront dans un rapport convenable et suffisant avec les âges de ces patriarches (910 et 895).

Au reste, on doit toujours se souvenir qu'il n'y a rien d'absolu en histoire naturelle, en physiologie humaine et en physiologie comparée. Cependant, on peut dire qu'ici avec la Vulgate nous avons la certitude morale, et avec les Septante la certitude numérique et mathématique. Et après tout, le fond de la chose, qu'est-il dans cette controverse ? C'est la solution de ce grand problème de physiologie philosophique : pourquoi cette tardive procréation chez les patriarches antédiluviens ? Grâce à la nouvelle loi physiologique, on ne s'étonnera plus désormais de voir des hommes de 100 ans et plus n'être pas encore capables d'engendrer. Et la raison, c'est parce qu'ils n'étaient pas encore complètement *pubères* ; ils étaient à peu près comme nos enfants de 10, 12 et 14 ans.

Cette différence de calcul dont nous venons de parler, ne tombe que sur les années qui précèdent la première procréation et non sur la durée de la vie totale qui demeure toujours la même, et suivant les Septante et suivant la Vulgate. Les cent ans que les Septante mettent de plus dans la vie du père avant la naissance du fils, ils les mettent de moins après. Au surplus, l'Eglise nous laisse parfaitement libres sur

la question des dates. « Elle ne rejette, dit M. Rhorbacher, ni l'un ni l'autre comput ; elle laisse aux
savants à discuter quel texte mérite, sous ce rapport,
la préférence, ou quel moyen il y a de les concilier.
En autorisant parmi les versions latines, celle qui est
connue sous le nom de Vulgate, elle autorise implicitement la chronologie abrégée de l'hébreu, sur
lequel cette version a été faite. Mais la version grecque
des Septante est également autorisée, et par les
apôtres et par les conciles et par les pères qui la
citent. On peut donc également suivre sa chronologie
plus longue. Et de fait l'Église romaine, en l'annonce
de la fête de Noël au martyrologe, compte cinquante
deux siècles depuis la création du monde à la naissance
de Jésus-Christ, tandis que les partisans de la chronologie hébraïque n'en comptent ordinairement que
quarante. » (*Hist. univ. de l'Église* t. I.)

Maintenant surgit une autre grave question, à savoir
si les années des patriarches étaient bien des années
comme les nôtres. L'impiété du 18ᵉ siècle, qui a fait
des efforts sataniques pour détruire la religion, en
cherchant à la saper par la base, a voulu faire croire
que c'étaient seulement des années lunaires. Elle a fait
accréditer cette énorme sottise comme une opinion sage
et raisonnable, et aujourd'hui même cette absurdité
trouve encore de l'écho chez les gens du monde qui
se croient raisonnables et instruits. Il est donc important
de réduire à néant cet impertinent mensonge. Voici
comment l'auteur que nous venons de citer réfute cette

funeste erreur. « Ces années ne vont donc être que des lunes. Sur ce pied, les neuf cent trente ans, les neuf cent douze, les neuf cent soixante neuf, les neuf cent cinquante, les six cents, les quatre cent soixante quatre, les cent soixante-quinze que l'Écriture dit que vécurent Adam, Seth, Mathusalem, Noé, Sem, Heber, Abraham, se réduiront à la mesure plus raisonnable de 77 ans, 76, 80, 79, 50, 39, et 14, avec quelques mois en plus ou en moins. Sans doute il n'y a dans ces âges rien d'extraordinaire ; ce qui l'est un peu, c'est qu'Abraham soit dit mort dans une heureuse vieillesse, lui qui ne vécut que 175 lunaisons, en tout quatorze ans et sept mois. Ce qui l'est encore plus, c'est quand il entendit Dieu lui promettre à l'âge de 100 ans que, cette année-là même, sa femme, Sara, qui en avait 90, lui donnerait un fils : il ne se mit à rire aussi bien qu'elle, de se voir père et mère si jeunes, car lui n'avait encore que huit ans et quatre mois, et elle sept ans et demi. Ce qui ne paraîtra pas moins plaisant, c'est que Enos, Caïnan, Malaléel, Heber, Phaleg, Nachor, qui, dans l'hébreu, sont dits avoir engendré à l'âge de 90, de 70, de 65, de 34, de 30, de 29 ans, auront eu des enfants à l'âge de sept ans et demi, de cinq ans dix mois, de cinq ans cinq mois, de deux ans dix mois, et même de deux ans cinq mois. Et, comme à une époque où l'on convient que les années des Hébreux étaient semblables aux nôtres, la mère des Machabées rappelle au plus jeune de ses fils qu'elle l'avait allaité pendant trois ans, il faudra conclure que les graves personnages, tels que nous aimons à nous représenter les anciens patriarches, avaient des fils et des filles avant qu'ils fussent eux-mêmes sevrés. Ce n'est pas tout ; Adam qui, suivant le texte original, engendra Seth à 130 ans, l'aura engendré à 10 ans dix mois. Mais avant la naissance de Seth, Caïn avait tué Abel. Quand il commit ce meurtre, il faut supposer à Caïn au moins 20 à 30 ans. Il sera donc né 20 ou 30 ans avant Seth, par conséquent une dizaine d'années, pour le moins, avant son père. Voilà ce que disent implicitement ces doctes railleurs du vulgaire chrétien » (*Ibid.*)

On a eu le front de citer, à l'appui de cette chronologie insensée, deux savants du premier ordre : Bochart et Michaëlis ; et ces savants célèbres reconnaissent avec tout le monde que les années des patriarches étaient ce que tout le monde appelle des années, des années vraies et solaires.

Il résulte donc de cet exposé succinct des faits bibliques, que ces âges prodigieux des patriarches antédiluviens trouvent leur parfaite explication et leur raison d'être dans la grande loi physiologique découverte par M. Flourens ; et que par conséquent ces âges, qui paraissent fabuleux aux esprits légers et superficiels, sont une vérité incontestable acquise à la science et qui demeure irréfutable, parce qu'elle repose sur l'anatomie et la physiologie, c'est-à-dire sur la nature de l'homme physique.

Il ressort encore du même fait biblique que l'espèce

humaine prise en masse, dans sa généralité, baisse et dégénère visiblement, (1) grâce à mille genres d'excès, à un excès effréné de luxe et de civilisation, aux ravages des passions, à la grande diminution du sentiment religieux, de la foi et de la pratique de la

---

(1) On peut ajouter que les forces humaines ont relativement baissé. C'est ce que prouvent les monuments historiques, c'est-à-dire les armures de nos aïeux, des anciens Gaulois et même des chevaliers du moyen âge. Ces armures de géants, que l'on trouve dans nos musées, ne sont plus en proportion avec les forces de nos guerriers modernes. (*) Voici ce que dit à ce sujet un poëte de nos jours :

Quelquefois en touchant ces armures massives
Que les vieux arsenaux conservent pour archives,
Masses d'armes, brassarts, cuirasses, boucliers,
Que portaient autrefois nos aïeux chevaliers,
Nous sommes étonnés de ce harnois de guerre
Qu'à peine notre bras peut soulever de terre,
Et nous nous demandons si chez l'homme d'alors
La taille était plus haute et les muscles plus forts ?
N'en doutons pas. Leurs fils, triste progéniture,
Ont déchu, par degrés, de force et de stature,
Et toujours d'âge en âge ils iront décroissant,
Grâce au germe de mort infiltré dans leur sang.
De là vient cette race infirme, abâtardie,
Ce peuple d'avortons, qu'attend l'orthopédie ;
De là ces jeunes gens déjà cadavéreux,
A la poitrine étroite, au front pâle, à l'œil creux,
Qui pensent rehausser leur type ridicule
En encadrant leurs traits d'une barbe d'Hercule.

(Barthélemy)

(*) Ce n'est pas précisément que les facultés physiques de l'homme aient baissé en elles-mêmes, c'est plutôt parce que, dans nos temps modernes, elles ont beaucoup moins exercées, et cultivées, et partant beaucoup moins développées qu'autrefois. Aujourd'hui la culture physique a fait place à la culture intellectuelle.

religion dans la masse des peuples chrétiens, au caractère de mollesse des mœurs de tout le monde, aux effets innombrables de l'intempérance et de la débauche, en un mot au sensualisme moderne. Ajoutez à tout cela toutes les maladies nouvelles inconnues aux anciens, et la dégénération des races par les alliances les plus malheureuses et les plus antiphysiologiques.

Par contre, tous les hommes qui de nos jours ont vécu fort longtemps, menaient une vie pauvre, laborieuse, très-frugale et très-simple. Ils étaient généralement exempts de ces passions turbulentes, furieuses et haineuses qui brisent tant d'existences ; en un mot ils se faisaient tous remarquer par une constante et parfaite ataraxie. Et dès qu'ils ont voulu changer leur genre de vie, ils ont promptement succombé. Haller rapporte que Thomas Pare, paysan anglais, mourut à l'âge de 152 ans, et même d'une manière inopinée, car ayant été comblé de faveurs royales, il interrompit sa sobriété tutélaire et rencontra la mort au sein de l'abondance. *Thomas Pare cùm paupere et durâ dietâ 150 annos attigerat, lautiùs cum vivere cœperat continuò periit.*

Si l'on avait connu cette grande loi physiologique, les savants et les philosophes se seraient épargné bien des explications inutiles sur la grande longévité des patriarches antédiluviens. Ils n'en auraient pas cherché la cause hors de l'homme, en l'attribuant à la pureté de l'air, à l'excellence des fruits de la terre, à quelques

vertus particulières des herbes et des plantes et à la force des sucs de la terre, etc.

Il fallait en chercher la cause dans l'homme-même,
dans la loi de son organisme, ou plutôt dans la
*loi des épiphyses et de l'accroissement et de l'affermis-
sement prolongé.* Figurez-vous la force, la dureté, la
résistance vitale d'un corps qui a mis près de deux
siècles à se développer, se durcir, se tremper et se
retremper toujours. Voilà la vraie et seule raison
d'être de la longévité des patriarches antédiluviens.

Une dernière réflexion :

Admettons, contre la vérité, même en comptant
suivant les Septante, qu'il n'existe point un rapport
numérique exact entre les chiffres des premières
procréations et ceux de la vie totale des patriarches,
n'est-ce donc rien, qu'un fait si éminemment frappant
de procréations si tardives suivies de plusieurs
siècles de vie ? C'est un fait que personne n'a jamais
expliqué et que la loi *des épiphyses ou de l'accroissement et de l'affermissement prolongé* peut seul
expliquer.

Haller et Buffon admettent la possibilité des
longues vies, d'avant le déluge. Mais ils l'expliquent
par des opinions et des systèmes qui au fond n'expliquent rien.

Maintenant, on demandera peut-être quel pouvait
être le but de ces longues vies antédiluviennes. Josèphe, comme nous l'avons déjà vu, dit que Dieu

a donné aux patriarches cette longue vie, afin qu'ils eussent le temps de perfectionner les sciences géométriques et astronomiques. Pour nous, nous pensons que ç'a été pour faciliter et assurer la tradition de la révélation primitive.

NOTA. — Cette note n'est, au fond, que la lettre que nous avons adressée à M. Flourens, au mois de mars 1855.

FIN.

TABLE.

FIN DE LA TABLE.